超简单

家常素食

李琢伟 ◎ 主编

IC 吉林科学技术出版社

作者简介
AUTHOR

李琢伟 食品科学工程硕士研究生，长春职业技术学院食品学院副教授，吉林省食品学会常务理事，吉林省食品工业专家咨询委员会专家，吉林省调味品协会理事，发表国家核心期刊论文20余篇，参与发明专利3项，撰写著作2部，主持多项企业技术革新与改进。

主　　编	李琢伟					
编　　委	李英明	滕　飞	陈伟东	胡希明	刘乾龙	吕海东
	王大鹏	尤亮亮	王　鑫	宋连富	刘跃臣	方中发
	李伟一	王玉龙	王　震	岳　涛	毕　凯	耿新越
	苏　鹏	张殿国	宋志强	唐大辉	李　伟	高　强
	赵新良	李宏宽	李　勇	景　铭	兰志飞	李凯华
	李书林	王新元	杜　凯	张治军	蒋志进	刘志刚
封面摄影	王大龙					

鸣谢单位：

长春市饭店餐饮烹饪协会

吉林工商学院烹饪研究所

广东省东莞市百味佳食品有限公司

Foreword 前言

　　讲究营养和健康是现今的饮食潮流，享受简单便捷的美味佳肴是我们的一种减压方式。人人都希望拥有健康的身体，而影响健康的因素有很多，其中最为重要的也是与我们日常生活密不可分的就是饮食了。面对五光十色的各种食材和菜肴，吃什么、怎样吃，怎样搭配合理，怎样才能健康饮食，是我们每天面临的最大选择，据此我们为读者精心编写了《超简单》系列图书。

　　《超简单》系列图书着重从简单、健康和家常三方面入手，就是从家庭最简单的日常饮食入手，突出菜肴的简单、便捷、营养和实用，以满足不同地区美食爱好者的需要。

　　饮食健康是一种艺术，也是一门学问。《超简单》系列图书用准确、简短、清晰的文字，精美的图片，为您解读很多在健康和饮食等方面的疑惑，让您茅塞顿开，轻轻松松地达到健康和营养的目标。

　　此外，在以简单、健康和家常为出发点的前提下，《超简单》系列图书在编写方面更加突出直观的特点。图书以清新亮丽的菜肴图片为主，辅以简要明了的文字说明，使其图文并茂。不论是烹饪的高手，还是初涉厨事的朋友，都能一看就懂，按图操作。书中详细地描述菜肴制作的原理和精髓，真正体现出菜肴的直观性。

　　美食是一种享受生活的方式，忙碌的现代人没有太多业余时间去享受生活，但吃饭是每天必不可少的事情。希望《超简单》系列图书能够成为您家庭饮食方面的好助手、好参谋，不仅可以使您很方便地制作各种美食，而且可以在烹调的过程中享受到其中的乐趣，并且感受到美食中那一份醇美、那一缕温暖、那一种幸福。

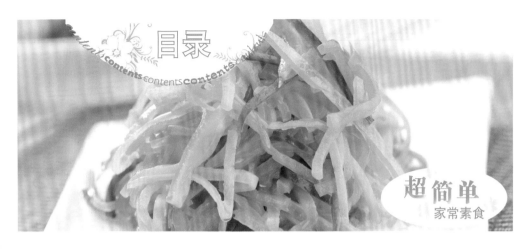

目录

超简单
家常素食

Part 1 >>>> 清鲜凉菜

Part 2 >>>> 适口热菜

Part 3 >>>>
营养汤羹

Part 4 >>>>
风味主食

超简单家常素食之

素食点滴

我国的烹饪技术历史悠久，内容极其丰富，是祖国的宝贵文化遗产。素食就是烹饪技术上的一颗明珠。其独具一格，可分为寺院素食、宫廷素食、民间素食三大类。寺院素食讲究"全素"，禁用"五荤"调味，且大多禁用蛋类；供帝王享用的宫廷素食，追求用料的奇珍，考究的蒸调技法，外形的美观述意；民间素食用料广泛，美味而经济，为人们普遍接受。

素食历史

素食在我国存在已久，其起点已无从考证，人类起源时应是以素食为主，偶捕些动物而食之，根据文献记载，人类是由于敬畏鬼神和祭拜祖先，在祭祀活动中，才引出了斋戒素食的制度和习惯的。

相传成汤灭夏桀于己卯日，武王灭商纣于甲子日，之后历代为避免重蹈覆辙，遂于这些日子斋戒，修生养性，初一至十五茹素遂成为传统。《礼记》中有："逢子卯，稷食菜羹。"《周礼》中云："大丧，则不举。"解"不举" 为"不杀牲食肉"。 另有道家为求成仙长生之术而茹素。《吕氏春秋》就有：肥肉厚酒，务以自强，名曰烂肠之食。《论衡·道虚篇》有：食精身轻，故能神仙。若士者食蛤蜊之肉，与庸民同食，无精轻之验，安能纵体而上天？

西汉时淮南王刘安发明了豆腐，更是为素食发展的里程碑。可以说我国的素食形成于汉，发展于魏晋至唐代，至五代十国梁武帝终身奉行。即逢启告宗庙、天地、社稷、农坛之大典，亦以面制象形祭品，代替太牢三牲血食，于今素菜馆仿荤素食，始创于梁武帝。梁武帝颁布《断酒肉文》使吃素成为佛教正统，而佛教的盛行又促进了素食的发展。

隋唐时素食发展至又一高度，佛教的兴盛使素食形成了独特风味体系。唐宋时期，茹素之风兴盛。《梦粱录》记：当时已有专卖素点心小食店，卖"丰糖糕、乳糕、栗糕、镜面糕、重阳糕、枣糕、乳饼、麸笋丝、假肉馒头、裹蒸馒头、菠菜果子馒头、七宝酸馅、姜糖、辣馅糖馅馒头、活糖沙馅诸色春茧、仙桃龟儿、包子、点子、诸色油炸素夹儿、油酥饼儿、笋丝麸儿、果子、韵果、七宝包儿等点心"。陈达叟《本心斋蔬食谱》记当时他认为鲜美的、无人间烟火气的素食二十品，每品都配有十六字赞。陈达叟称，这二十品，不必求备，得四之一斯足矣。

林洪《山家清供》中，记有当时大量的素菜名馔。其中有"假煎肉"："瓠子、麸薄批，各和以料煎。麸以油煎，瓠以脂乃熬，葱油入酒共炒熟。""素蒸鸭"，鸭其实是葫芦所代。"玉灌肺"是"真粉、油饼、芝麻、松子、胡桃、莳萝六者为末，拌和入甑蒸熟，切作肺样块，用枣汁供"。

自宋代起，素菜开始讲究菜名，讲究"色香味形"。《清异录》中记："居士李

巍，求道雪窦山（今浙江奉化西）中，畦蔬自供。有问巍曰：'日进何味？'答曰：'以练鹤一羹，醉猫三饼。'""练鹤羹"是菜羹名，意思是常食此羹，可练得身似鹤形。"醉猫三饼"，指的是以莳萝、薄荷制成的饼，因旧称猫吃薄荷就醉，所以叫"醉猫饼"。

清代素食发展成为寺院素食、宫廷素食和民间素食三大类。食材品种也更具多样性，其代表有寺院中的名肴鼎湖上素（选料多达十八种）。口味和形状也更具有神似，大明寺的笋炒鳝丝（香菇代替鳝丝更形象）。在此引用李渔《闲情偶寄》中辑饮馔一卷，后肉食而首蔬菜。李笠翁感叹道："声音之道，丝不如竹，竹不如肉，为其渐近自然。吾谓饮食之道，脍不如肉，肉不如蔬，亦以其渐近自然也。草衣木食，上古之风。人能疏远肥腻，食蔬蕨而甘之，腹中菜园，不使羊来踏破，是犹作羲皇之民，鼓唐虞之腹，与崇尚古玩同一致也。所怪乎世者，弃美名不居而发异端，其说谓佛法如是，是则谬矣。"李笠翁是反对把素菜与寺院佛教联系在一起的。他认为，以草茅为衣，以树果为食，是

上古人的风气。人能远离肥肉荤油，以吃蔬果野菜为美，使腹中那块菜园，不被羊肉之腥来践踏，就好比上古羲皇之民，在尧舜盛世吃饱了肚子，这同爱好古玩者有同样的意趣。

现代，随着物质生活不断提高，人们对饮食观念的改变，对富贵病的认识，素食已悄然成为时尚。在我国，如北京、上海素食餐饮发展极为迅速，大有逐年翻番之势，沿海城市也发展迅猛，食材大量出新。知名素食企业有功德林、枣子树、净心莲、叙香斋等。各大寺院均有自己的特色素斋。素食也

不再是纯粹宗教人士的专属，已成为健康时尚的代表。

素食形式

Chaojiandan jiachang sushi

根据国际素食者联合会成员的意愿，素食主义被定义为一种"不食用肉、家禽、鱼及它们的副产品，食用或不食用奶制品和蛋"的习惯。下面几种是常见的素食形式：

● 纯素食

纯素食会避免食用所有由动物制成的食品，例如各种禽蛋、奶、奶制品、干酪和蜂蜜。除了食物之外，部分严守素食主义者也

不使用动物制成的商品，例如皮革、皮草和含动物性成分的化妆品。

● 斋食

斋食一般会避免食用所有由动物制成的食品和包括青葱、大蒜、洋葱、韭菜、虾夷葱在内的葱属植物。

● 乳蛋素

乳蛋素是指不食肉，素食主义者会食用部分动物制成的食品来取得身体所需之蛋白质，例如蛋和奶类。

● 奶素

奶素是指这类素食主义者不食用禽蛋及禽蛋制品，但会食用奶类和其相关产品，比如奶酪、奶油或酸奶等。

● 蛋素

蛋素与奶素正好相反，蛋素是指这类素食主义者不吃奶及奶制品，可食用禽蛋类和禽蛋相关产品。

● 果素

果素是指仅仅食用各种水果和果汁或其他植物性果实，不包括肉、蔬菜和谷类。

● 苦行素食

是为了坚定心中的信念，以苦行的方式进行素食，不仅戒蛋、牛奶，甚至戒大豆、食盐。

● 生素食

这种素食形成是将所有食物保持在天然状态，即使加热也不超过摄氏47℃。生素食主义者认为烹调会致使食物中的酵素或营养被破坏。有些生食主义者在食用种子类食物前，会将食物浸泡在水中，使其酵素活化。有些生食主义者仅食用有机食物。

● 胎里素

指素食妈妈怀孕所生的素宝宝。在临床观测到苯丙酮尿症的宝宝在怀孕期间会影响母亲的饮食，使得母亲抗拒动物性食物，并且苯丙酮尿症宝宝也是基因特性决定其也是纯素饮食。如果出世后继续吃素，身体里都没有动物食物成分，可算得上全身都是素。在印度和我国盛行吃素的地方，有很多素宝宝。素宝宝并没有因为不摄入动物蛋白而营养不良，基本上体质都很健壮。

素食原则

素食作为一种环保、健康、时尚的生活方式，在国际上渐渐流行，表现出人们回归自然、保护地球生态环境的追求。如今的素食，与环境保护、动物保护一样代表着一种不受污染的文化品味和健康时尚。

素食养生在我国可谓源远流长，自古就有药食同源之说，也就是说食物与药物并没有明确的界线，每一种食物都具备一定的药性，这就是饮食调养之精髓。据《千金翼方养生食疗》载："安身之本，必须于食，救疾之道，唯在于药。不知食宜者，不足以全生，不知药性者，不能以除病"。故食能排邪而安内脏腑，药能恬神养性以资四气。若将食物的寒、热、温、平、凉五气与酸、苦、甘、辛、咸五味，随人体和季节的不同而做搭配，即可养血气、排疾患。诗人屈原在《楚辞·天问》中写道："彭铿斟雉，帝自飨，受寿永多，夫和久长"。汉代楚辞专家王逸注曰：彭铿彭祖也。古人淮南居诗云：彭铿在执鼎，昆吾为制陶，钵中存美味，首赞至唐尧。彭祖史前寿星，善养生，相传寿长880岁，迄今已有4300多年的历史。独创了导引术、养生烹调术、房中术等。彭祖膳食养生，重在通过饮食或药饵的调养来补益人体之精气、神明。调整人体内部阴阳五行关系，使整个人体各器官功能协调平衡，从而达到

健康长寿的目的。《黄帝内经》中就有五谷为养，五畜为益，五果为助的论述，经几千年的验证，现代营养学也证实了其科学性。道家五行说也深深地刻入了我们的文化，道家五行及金、木、水、火、土五行学说，在人体则以五脏为中心。五色与五脏相配，即绿、红、黄、白、黑五种大家熟知的蔬菜颜色，各入不同的脏腑，各有不同的作用。

红色主心，所属蔬菜有胡萝卜、西红柿、红椒、红豆等；绿色主肝，所属蔬菜有花椰菜、芦笋、苦瓜、黄瓜、芥蓝、莴笋、青椒、芹菜、荷兰豆以及其他绿色素菜；黄色主脾，所属蔬菜有黄豆、玉米、南瓜、黄豆芽、红薯、南瓜籽、腰果以及各种植物种子等；白色主肺，所属蔬菜有地瓜、莲藕、白薯、莲子、山药、土豆、白萝卜、银耳等；黑色主肾，所属蔬菜有紫菜、荞麦、海带、黑豆、香菇、黑芝麻、黑木耳等。

五色养生素食以低盐、低糖、低脂肪为准则，坚持新鲜入馔，视觉欢愉兼顾，五脏均衡保健，充分体现中国素食哲学之精神内涵。

另外，酸、苦、甘、辛、咸等食物五味，与我们脏腑的关系也十分密切，《黄帝内经》中记载，酸味与肝相应，有增强肝脏的功能；苦味与心相应，可增强心脏功能；甘味与脾相应，有增强脾的功能；辛味与肺相应，可增强肺的功能；咸味与肾相应，可增强肾的功能。在我们选择食物时，必须五味调和，这样才能有利于健康。若五味过偏，会引起疾病的发生。所以平时要注意各种味道的搭配，做到五味调和，应对增补。

佛教传入我国后，与道教融合，见于大乘涅槃经与楞伽经典传入中国，至五代十国梁武帝终身奉行。即逢启告宗庙、天地、社稷、农坛之大典，亦以面制象形祭品，代替太牢三牲血食，于今素菜馆仿荤素食，始创于梁武帝。

说素食之利益，依科学观察：

一、就动物学之进化论，由下等动物进化至高等动物，由高等动物进化至动物最灵之人类，则此人类与动物原属一体。

二、就卫生学原理，盖植物受日光雨露而滋长，所含维生素之质素，远胜于动物。

三、就经济学之统计：素食发生，乃战国时各国被经济封锁，国内粮食大起恐慌，自此经验，当全国休养生息时，积极提倡素食，足见素食益于国家经济。

综合上述三项，佛教素食含意尤深。佛说慈悲，起发于大悲之心，盖一切众生皆系同体，一切群情系未来之眷属；生命大流，六道轮回，生生死死，因果相续。综合上述，合理健康吃素要掌握原则如下：

● 主食以多选用粗粮为佳。我们知道粗粮含有丰富的膳食纤维，对肌体有很好的补益功效。当然粗粮的品种也要有所区别，而且最好用全麦面包、燕麦面包、胚芽面包，糙米等代替白米饭、细白面等。

● 多吃豆类和豆制品。豆类中植物蛋白的含量很高，比如豆类中的黄豆、毛豆、绿豆；豆制品中的豆腐、豆干等，植物蛋白可补充肌体因未摄食肉类而缺乏的部分营养素，而且多吃也没有胆固醇过高之忧。

● 多食用核果类食品。腰果、杏仁、花生、核桃仁等核果类食品，其丰富油脂可以补充人体所需的热量。

● 食用果蔬需要多样化，不要只吃几种，既要吃些绿色叶菜，也要食用根茎菜、花果菜、菌藻菜等。微量元素铁可经由多摄取高铁质的水果，如猕猴桃、葡萄来补充。

● 烹调清淡化。别为了让素食更有味道而多放油脂来烹调，应掌握素菜清淡、少盐、少糖的烹调原则，才符合素食之健康取向。

● 补充富含维生素的原料。吃素者易缺乏维生素，其中以缺乏维生素B_{12}最为常见，可以食用富含维生素B_{12}的水果以改善。

做素食要掌握以上原则，就是不要使用太复杂的烹调程序，多食用新鲜蔬菜，油一定要适量，选择原始粗糙的食材，经常更换米饭种类，偶尔吃点糙米，或在米饭内加五谷、燕麦等，都是达到均衡营养的好方法。

随着生活水平的提高，现代人脂肪、蛋白质、糖分摄入过多，造成了营养过剩、营养失调。从营养学角度来说，人类饮食的荤素黄金比例应该为2∶6，即2份荤6份素。但是随着经济发展，生活改善，人们倾向于食用更多的动物性食物，甚至把这个比例倒了过来，成了6份荤2份素。所谓病从口入，不健康的饮食习惯引发多种现代疾病，如肥胖、糖尿病等疾病。每年的11月25日被定为"国际素食日"。国际素食日的确定，提醒人们要摆脱这一不合理的饮食习惯，多吃素食，养成健康的饮食习惯。

● 延年益寿

经常吃素能起到延年益寿的作用。根据营养学家研究，素食者比非素食者更能长命。一些原始素食主义民族平均寿命极高，令人称羡。

● 有助于体质酸碱中和

人类体质是偏碱性的，肉吃太多易使体液变成偏酸性，而增加患病的机会，吃素则有助于体质的酸碱中和。

● 降低胆固醇含量

素食者血液中所含的胆固醇永远比肉食者更少，血液中胆固醇含量如果太多，则往往会造成血管阻塞，成为高血压、心脏病等病症的主因。

● 可以防癌

有些癌症和肉食密切相关，比如大肠癌。素食中含有大量纤维素，利于通便，使体内有害物质实时排出，降低有害物质对肠壁的损害。

● 可减少慢性病

对肾功能不全的肾脏病患者来讲，吃素食可减轻肾脏负担，又不减少蛋白质的摄入量。文献上也有素食可改善类风湿性关节炎之报告。

● 避免尿酸过高

经常吃肉类而产生过高的尿酸，对肾脏造成沉重的负荷，与肾衰竭及肾结石的发生有一定的关系，吃素就可以消除这一

影响。

● 降低体内毒素堆积

素食营养非常容易被消化和吸收，肉食在胃中不易消化，甚至进至大肠时尚有大部分未消化或只是一半消化，因此肉食在大肠中腐化极盛，且多带毒性，对人体有害。

● 减少引发胰腺炎概率

大量进食肉类食物会使胰蛋白酶分泌急剧增多，胰头排泄不畅就会引发胰腺炎等严重的消化系统疾病。一切果蔬谷类的营养反而易消化、容易直接吸收，植物中纤维素能刺激肠道蠕动，支撑粪块疏松不易硬结，防止便秘的发生。

● 安定神经系统

素食常用的五谷类、硬壳果、蔬菜、水果，包括足够的蛋白质、碳水化合物、植物油、矿物质和维生素，都是身体必需的养分。素食可建造人体的组织，也可维护修补，并产生热量，供给人体体能，使人的血液碱性化，并富有维生素，又能安定神经系统。

素汤调制

🍲 黄豆芽汤

①将黄豆芽择洗干净，沥水。

②放入油锅中煸炒至发软。

③加入冷水并加盖。

④用旺火熬煮至汤汁呈浅白色时。

⑤用洁布或滤网过滤后即成。

15

❶ 口蘑汤

干品口蘑是制素汤的上好食材。

先将口蘑洗净，用清水泡软。

一起倒入锅中，用小火煮30分钟。

捞出口蘑，再把原汁过滤即成。

❶ 素清汤

取鲜笋根部切成大块。

与水发香菇、黄豆芽一起洗净。放入锅中，加入清水烧沸。

再转微火保持汤面微沸。

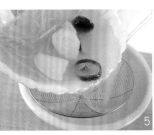

煮约2小时，离火过滤后即成。

Part 1 清鲜凉菜

辣炝西蓝花

材料 西蓝花450克，红干辣椒末5克，精盐1/2大匙，味精、白糖、植物油各1小匙，香油1/2小匙。

🍲 制作步骤 ZHIZUO BUZHOU

1. 西蓝花瓣成大小均匀的小块，洗净，放入淡盐水中浸泡10分钟左右，捞出、沥水。

2. 锅中加入香油烧热，倒入红干辣椒末炸香，加入精盐、味精、白糖调匀，出锅成辣椒油汁。

3. 锅中加入适量清水、植物油烧沸，下入西蓝花块焯约2分钟，捞出、沥水。

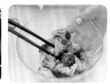

4. 西蓝花放入冷水盆中浸泡至凉透，捞出，放入大碗中，浇入调好的辣椒油汁拌匀即可。

▶ 老醋时蔬

材料 水发木耳、菠菜、绿豆芽各150克，蒜末10克，精盐1/2小匙，味精、酱油各1小匙，香油4小匙，老醋4大匙。

🍲 制作步骤

1. 木耳去根，洗净，沥水；菠菜择洗干净，沥水；绿豆芽掐去两头，洗净，沥水，放入沸水锅内焯烫一下，捞出、沥水。

2. 水发木耳、菠菜下入沸水锅中，用旺火焯约1分钟，至熟透捞出，放入冷水中浸泡2分钟，至凉透捞出，挤去水分。

3. 把菠菜切成段；水发木耳撕成小片，均放入大碗中，加入绿豆芽、蒜末，再加入老醋、酱油、精盐、味精，淋入香油拌匀，装盘上桌即成。

▶泡菜苦瓜

材料 苦瓜250克, 泡酸菜50克, 甜椒30克, 精盐1/2小匙, 味精1/3小匙, 香油、植物油各2小匙。

🍥 **制作步骤** ZHIZUO BUZHOU

1. 苦瓜洗净, 剖成两半, 挖去瓜瓤, 切成长条; 泡酸菜、甜椒分别洗涤整理干净, 切成条。

2. 锅中加入适量清水烧沸, 加入植物油, 下入苦瓜条、泡酸菜条、甜椒条焯至熟。

3. 捞出、晾凉, 放入容器中, 加入精盐、味精、香油充分拌匀, 装盘上桌即成。

▶木耳三丝

材料 水发木耳300克, 青椒、红椒、黄椒各50克, 姜末、蒜末各5克, 白糖1/2小匙, 香油、花椒油、植物油各2小匙, 味精、米醋、酱油各1小匙。

🍥 **制作步骤** ZHIZUO BUZHOU

1. 水发木耳去蒂, 洗净; 青椒、红椒、黄椒均去蒂、去籽, 洗净, 分别切成细丝。

2. 容器内加入姜末、蒜末、米醋、白糖、酱油、味精、香油、花椒油调匀成味汁, 放入水发木耳丝、青椒丝、红椒丝拌匀, 装盘即成。

▶红油 扁豆

 材料 扁豆400克, 红干椒15克, 姜末10克, 精盐1小匙, 味精1/2小匙, 香油少许, 植物油3大匙。

🍲 制作步骤

1. 红干椒去蒂、洗净, 切成碎末, 再放入小碗中, 加入姜末拌匀, 淋上烧至八成热的植物油拌匀, 稍焖成辣椒油。

2. 扁豆择去豆筋、洗净, 斜切成2厘米长的段, 放入沸水锅中焯煮至熟, 捞出用冷水过凉, 沥干水分。

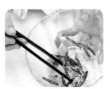

3. 将扁豆装入干净容器中, 加入精盐、味精、香油、辣椒油拌匀, 即可装盘上桌。

21

▶爽味萝卜卷

材料 胡萝卜250克, 白萝卜50克, 精盐1小匙, 味精1/2小匙, 白糖、香油各少许, 辣椒油2小匙。

🍲 制作步骤 *ZHIZUO BUZHOU*

1. 胡萝卜去皮, 洗净, 切成细丝, 加入精盐稍腌, 挤干水分, 放入碗中, 加入味精、白糖、香油、辣椒油拌匀。

2. 白萝卜去皮, 洗净, 切成大薄片, 放入淡盐水中浸泡, 使其质地回软, 沥去水分。

3. 白萝卜片摊平, 放上适量胡萝卜丝, 卷成圆筒状, 逐个做完, 改刀切成2厘米长的菱形块, 码放入盘中即可。

▶酱油泡萝卜皮

材料 心里美萝卜皮400克, 精盐2小匙, 味精、白糖各4小匙, 海鲜酱油3大匙, 辣椒油2大匙, 香油1小匙, 芥末油1大匙。

制作步骤

1. 萝卜皮洗净, 切成菱形小块, 放入大碗中, 加入精盐调匀, 腌渍30分钟, 取出沥水。

2. 辣椒油、香油、海鲜酱油、芥末油一同放入碗中, 加入味精和白糖调匀成味汁。

3. 把萝卜皮块放入盘内, 浇上调好的味汁调拌均匀, 上桌即可。

黄瓜拌豆干

材料

黄瓜250克,豆干200克,黄豆50克,红辣椒1个,花椒粒3克,精盐1/2小匙,白糖、米醋各1大匙,辣椒油、香油各1/3小匙,植物油2大匙。

制作步骤 ZHIZUO BUZHOU

1. 豆干切成丁;黄瓜、红辣椒去蒂,洗净,切丁;黄豆泡水2小时,放入蒸锅中蒸至熟,取出。

2. 花椒粒放入碗中,冲入烧热的植物油焖出香味,滤除渣滓,制成花椒油。

3. 黄豆、红辣椒丁、豆干丁、黄瓜丁放入碗中,加入花椒油、香油及其他调味料拌匀即可。

▶泡菜银芽

材料 绿豆芽（银芽）350克，老泡菜水200克，红椒50克，味精1小匙，白糖、花椒粉、香油各少许，辣椒油2小匙。

🍲 **制作步骤**

1. 绿豆芽洗净，沥水，放入老泡菜水中浸泡1小时，待绿豆芽入味时，捞出、沥水。

2. 红椒去蒂、去籽，切成丝，放入沸水锅中焯熟，捞出，加上绿豆芽、味精、白糖、花椒粉、香油、辣椒油拌匀，装盘上桌即成。

▶辣味金针菇

材料 金针菇300克，香菜10克，辣椒油少许，精盐1小匙，蒜泥、味精、胡椒粉各适量。

🍲 **制作步骤**

1. 把金针菇去根蒂，择洗干净，用开水烫一下，捞出挤净水分，切成段，装入容器中。

2. 香菜去根，择洗干净，沥水，切成小段，放在金针菇上面。

3. 把辣椒油、精盐、蒜泥、味精、胡椒粉放入装有金针菇的容器内拌匀，装盘上桌即可。

▶葱油拌莴笋丝

材料 莴笋750克,葱油25克,香油1小匙,味精1/2小匙,精盐适量。

🍲 **制作步骤** ZHIZUO BUZHOU

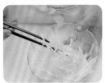

1. 把莴笋去根,削去外皮,用清水洗净,沥水,切成5厘米长的细丝,放入容器内。

2. 在盛有莴笋丝的容器内加入精盐(可按个人口味酌情添加,最多不能超过1小匙)拌匀,腌渍约5分钟,沥去水,再加入葱油、味精、香油调拌均匀,装盘上桌即可。

▸白果芦笋

材料

芦笋300克，白果100克，精盐、味精、白糖、香油各1小匙，植物油适量。

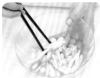

🍲 制作步骤

1. 白果洗净，放入容器中，加入适量温水，浸泡10分钟，取出后剥去外壳，放入热油锅中滑透，捞出、沥油。

2. 芦笋去皮，洗净，切成小段，放入沸水锅中焯烫一下，捞出、沥干。

3. 将白果仁、芦笋段一同放入大碗中，加入味精、白糖、精盐翻拌均匀，再淋上香油即可。

剁椒炝拌三丝

材料 青笋丝250克，胡萝卜丝150克，水发木耳丝80克，熟芝麻30克，剁椒30克，青花椒、蒜泥各5克，精盐、鸡精各1/2小匙，白糖1小匙，香油4小匙。

制作步骤 ZHIZUO BUZHOU

1. 胡萝卜丝、木耳丝放入沸水锅中焯烫一下，捞出、过凉，沥干水分，放入大碗中。

2. 青笋丝放入碗中，用精盐腌10分钟，沥去水分，放入盛有胡萝卜丝的碗中，加入蒜泥、剁椒、白糖、鸡精拌匀。

3. 锅中加入香油烧热，下入青花椒炸香，出锅浇淋在三丝上，再撒入熟芝麻拌匀即可。

▶沙拉瓜条

 材料 黄瓜300克, 沙拉酱50克, 精盐、味精、香油各1/2小匙。

🌀 制作步骤

1. 黄瓜去根, 削去外皮, 去掉瓜瓤, 洗净, 切成5厘米长、0.6厘米见方的条状。

2. 把黄瓜条放入容器中, 加入少许精盐拌匀, 去除瓜条过多水分, 使之质地更加脆嫩。

3. 再把黄瓜条放入大碗中, 加入精盐、味精、沙拉酱充分拌匀, 整齐地摆放入盘内即成。

▶蜜汁三彩

材料 甜橙2个，白梨1个，山楂糕150克，柠檬汁30克。蜂蜜20克。

🥢 制作步骤 ZHIZUO BUZHOU

1. 甜橙剥去外皮，对剖成两半，切成半圆形的片；白梨洗净，削去外皮，对剖成两半，挖去核，切成片；山楂糕切成长方形片。

2. 蜂蜜放入容器中，加入柠檬汁搅匀；甜橙片、白梨片、山楂糕片放入大碗内，浇入调好的柠檬蜂蜜汁，充分调拌均匀，装盘上桌即可。

▶糟香番茄

材料 小西红柿（小番茄）1000克，葱丝30克，香菜末20克，精盐2小匙，白糖2大匙，辣椒油1小匙，香糟汁3大匙，料酒适量。

🥢 制作步骤 ZHIZUO BUZHOU

1. 西红柿去蒂，洗净，沥水，底部用竹扦扎几个眼，放入容器中；锅中加入清水烧沸，加入精盐、白糖调匀，出锅晾凉，倒入泡菜坛内。

2. 西红柿放入泡菜坛内，加上香糟汁，封严坛口，腌泡10天，取出后撒上葱丝、香菜末，淋入辣椒油即可。

▶黄瓜拌豆芽

材料 黄豆芽350克,黄瓜50克,辣椒末10克,香油1大匙,精盐1小匙,味精、白糖、米醋各适量。

🍲 制作步骤

1. 把黄豆芽择洗干净,沥去水分;黄瓜洗净,沥去水,切成丝。

2. 锅里放入清水,用旺火煮沸,黄豆芽入水焯约3分钟至熟透,捞出过凉,沥水。

3. 黄豆芽放入装有黄瓜丝的大碗中,加入米醋、精盐、味精、白糖拌匀,装碗上桌即可。

31

▶凉拌芦笋

材料 芦笋350克, 红辣椒50克, 精盐、味精各2小匙, 白糖、植物油各1小匙, 香油、花椒油各4大匙。

🍚 制作步骤 ZHIZUO BUZHOU

1. 芦笋去老皮, 洗净, 斜切成片; 红辣椒去蒂、去籽, 洗净, 切成3厘米长、1厘米宽的菱形片。

2. 锅中加入清水、精盐、植物油烧沸, 下入芦笋片煮沸, 焯约半分钟, 下入红椒片焯至熟透, 捞出, 过凉, 沥去水分。

3. 把芦笋片、红椒片放入大碗中, 加入花椒油、香油、精盐、味精、白糖拌匀, 装盘上桌即可。

▶豆腐拌菜心

材料 白菜心250克,干豆腐100克,大葱25克,香菜15克,花椒10粒,大豆酱50克,味精、植物油各适量。

🍲 制作步骤 ZHIZUO BUZHOU

1. 把大白菜心洗净,沥水,切成细丝;干豆腐切成细丝;大葱择洗干净,切成细丝;香菜去根,去老叶,切成3厘米长的段;花椒粒洗净。

2. 白菜丝放入容器中,加干豆腐丝、大葱丝、香菜段拌匀。

3. 锅中放入植物油烧热,下入花椒粒炸至出香味,捞出花椒不用,下入大豆酱炒出酱香,出锅倒在白菜丝上,加入味精拌匀,装盘即可。

▶凉拌素什锦

材料

黄豆芽200克，白萝卜、胡萝卜、芹菜各75克，金针菇、水发木耳各25克，香菜15克，精盐1小匙，米醋、白糖、味精各2小匙，香油1大匙。

🍲 **制作步骤** ZHIZUO BUZHOU

1. 黄豆芽、白萝卜、胡萝卜、芹菜、金针菇均洗净；白萝卜、胡萝卜削皮，切成丝；芹菜、金针菇、香菜切成段；水发木耳切成丝。

2. 锅中加水，放入黄豆芽、白萝卜丝、胡萝卜丝、木耳丝、芹菜段、金针菇段焯至熟。

3. 捞出后放在大碗内，加入香菜段、米醋、白糖、味精、精盐和香油拌匀即可。

▸麻酱 莴笋尖

材料 莴笋尖24根,芝麻酱、酱油各2大匙,香油1大匙,精盐、白糖、植物油各1小匙,味精少许。

 制作步骤

1. 莴笋尖去粗皮,把嫩茎一端削成果尖形,从此端切开呈四瓣形状;酱油、芝麻酱、白糖、味精、香油调成味汁。

2. 锅中加入清水烧沸,加入植物油和莴笋尖焯熟,捞出、投凉,沥水,放入盘中,淋上调好的味汁即成。

▸生拌 萝卜皮

材料 红心萝卜皮300克,熟芝麻少许,精盐1小匙,味精1/2小匙,甜酱、海鲜酱油、白醋、白糖、花椒油各适量。

制作步骤

1. 红心萝卜皮洗净,刮去表皮,切成约2厘米长的多边形块。

2. 将萝卜皮放入盆中,加入精盐、甜酱、味精、海鲜酱油、白醋和白糖拌匀。

3. 再淋入烧热的花椒油,撒上熟芝麻,即可装盘上桌。

▶玻璃笋片

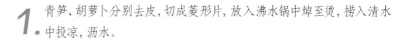

材料 青笋200克，胡萝卜100克，葱花10克，精盐、味精各1/2小匙，熟芝麻2小匙，白糖少许，酱油1小匙，辣椒油1大匙。

🍲 制作步骤 ZHIZUO BUZHOU

1. 青笋、胡萝卜分别去皮，切成菱形片，放入沸水锅中焯至烫，捞入清水中投凉，沥水。

2. 取小碗，加入精盐、白糖、味精、酱油、辣椒油调匀成味汁，再放入葱花拌匀。

3. 青笋片、胡萝卜片放容器内，加入味汁拌匀，撒上熟芝麻，装盘上桌即成。

▶冬笋拌荷兰豆

材料
荷兰豆荚300克, 冬笋100克, 香油1小匙, 精盐1/2小匙, 味精、白糖各少许。

🍲 **制作步骤**

1. 荷兰豆荚择去两头尖角, 洗净, 沥水, 切成丝; 冬笋洗净, 沥水, 切成均匀的丝。

2. 锅里放入清水, 下入冬笋丝焯2分钟, 再放入荷兰豆丝焯至熟, 捞出、过凉、沥水。

3. 荷兰豆丝、冬笋丝放入大碗中, 加入精盐、味精、白糖, 淋入香油拌匀, 装盘上桌即可。

*葱油*蚕豆

材料 嫩蚕豆250克，葱叶50克，精盐、味精、香油各1/2小匙，植物油4小匙。

🍲 制作步骤 *ZHIZUO BUZHOU*

1. 嫩蚕豆去皮，将其一分为二成豆瓣状，放入水中淘洗干净，下入沸水锅中煮至熟，快速捞入冷水盆中漂凉，沥水。

2. 葱叶择洗干净，晾干水分，切成0.3厘米长的葱花状，放入烧至四成热的油锅中，炒至葱香味溢出时，起锅过滤出葱油，晾凉。

3. 将嫩蚕豆放入盆中，加入精盐、味精、香油拌匀，再淋上调制好的葱油充分拌匀，装盘上桌即可。

▶黄瓜白菜拌粉丝

材料 黄瓜300克,白菜、胡萝卜各50克,粉丝30克,蒜末10克,精盐、白糖、香油、芥末油各1小匙,味精、酱油、米醋各少许。

🍲 **制作步骤**

1. 粉丝剪成长段,放入容器内,加入温水浸泡10分钟,至变软捞出;黄瓜、胡萝卜分别洗净,削去外皮,均切成丝;白菜切成丝。

2. 锅中加入清水烧沸,下入粉丝段、白菜丝、胡萝卜丝焯至熟,捞入冷水盆中浸泡1分钟,至凉透捞出,沥去水分。

3. 黄瓜丝放入大碗中,加入水发粉丝、胡萝卜丝、蒜末,再加入米醋、酱油、味精、白糖、精盐,淋入芥末油、香油拌匀,装盘上桌即可。

▶凉拌豌豆苗

材料 豌豆苗300克,青椒50克,蒜末10克,香油、辣椒油各1小匙。

🍲 制作步骤 ZHIZUO BUZHOU

1. 青椒去蒂、去籽,洗净,切成细丝,放入清水锅中焯烫一下,捞出、过凉;豌豆苗洗净,放入沸水锅中焯烫一下,捞出沥干,盛盘。

2. 取一小碗,放入蒜末、香油、辣椒油及适量开水调匀成味汁。

3. 将青椒丝放在豌豆苗上,浇淋上味汁,调拌均匀至入味,即可上桌。

▶豆芽拌椒丝

材料 青椒丝300克,绿豆芽150克,胡萝卜丝50克,姜丝15克,辣椒油、香油、米醋、白糖、酱油各2小匙,精盐1小匙。

🍲 制作步骤 ZHIZUO BUZHOU

1. 姜丝放入小碗中,加入米醋、白糖、酱油,淋入辣椒油、香油,调拌均匀成味汁。

2. 锅里放入清水煮沸,下入绿豆芽、胡萝卜丝和青椒丝焯烫一下,捞出、过凉,沥净,码放在盘内,淋上味汁即成。

▶葱油鲜笋

材料 鲜竹笋250克,芹菜100克,香油1/2小匙,精盐、味精、白糖、米醋各1小匙,植物油少许。

🍚 制作步骤

1. 竹笋洗净,沥水,切成薄片;芹菜择洗干净,切成段,全部放入沸水锅内,加上少许精盐、植物油焯烫至熟,捞出。

2. 把焯熟的竹笋片、芹菜段均放入盛有冷水的容器中,浸泡2分钟左右,捞出、沥水。

3. 竹笋片、芹菜段放入大碗内,加入精盐、味精、白糖、米醋,淋入香油拌匀,装盘即可。

▶翡翠百合

材料 西蓝花400克，百合150克，香油1/2小匙，精盐1/2大匙。

🌹 **制作步骤** ZHIZUO BUZHOU

1. 西蓝花洗净，沥水，切成小块；百合去老皮，洗净，沥干水分；容器内加入适量温水，放入精盐搅至溶化，下入西蓝花块搅匀，浸泡10分钟，捞出、沥水。

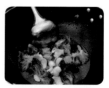

2. 锅中加入适量清水烧沸，下入百合、西蓝花，用旺火煮沸，焯约2分钟至熟，捞出百合、西蓝花，沥水，放入大碗中，加入精盐、香油拌匀，装盘上桌即可。

▶西芹拌香干

材料 香干200克，西芹100克，胡萝卜50克，精盐、味精、鸡精各1/2小匙，白酱油、香油各1小匙，植物油2小匙。

🍲 制作步骤

1. 香干、西芹、胡萝卜分别切成丝；碗中放入白酱油、香油、精盐、味精、鸡精拌匀成味汁。

2. 锅中加入植物油烧至五成热，下入香干丝、西芹丝和胡萝卜丝煸炒片刻，出锅、晾凉。

3. 西芹丝、香干丝和胡萝卜丝放入容器中，加入味汁调拌均匀，放入冰箱内冷藏保鲜，食用时取出，装盘上桌即可。

▸枸杞蚕豆

材料
嫩蚕豆350克，枸杞子20克，蒜泥5克，精盐、味精、白醋、香油各1小匙，白糖适量。

制作步骤 ZHIZUO BUZHOU

1. 嫩蚕豆去皮，放入沸水锅中焯至熟，快速捞入清水盆中漂凉，捞出、沥水。

2. 枸杞子放入容器中，加入沸水泡制20分钟，用清水反复冲洗使之色泽鲜艳。

3. 盆中加入精盐、味精、白糖、白醋、香油、蒜泥调匀成味汁。

4. 放入嫩蚕豆、枸杞子，充分调拌均匀入味，装盘上桌即可。

▶麻酱拌菠菜

材料 菠菜350克，水发木耳50克，葱白丝15克，芝麻酱1大匙，香油1/2小匙，芥末油、精盐、味精、白糖各1小匙，植物油4小匙。

 制作步骤

1. 菠菜切成小段、水发木耳切成丝，放入沸水锅内，加上少许精盐、植物油焯至熟，捞出、投凉、沥水。

2. 芝麻酱加入精盐、味精、白糖、芥末油、香油搅匀成糊状，加上菠菜、水发木耳和葱白丝拌匀，装盘上桌即可。

▶凉拌苦瓜丝

材料 苦瓜400克，红甜椒30克，精盐1/2小匙，香油、白糖、味精各1小匙。

制作步骤

1. 苦瓜去蒂，洗净，切丝；红甜椒去蒂、籽，洗净，切成3.5厘米长的细丝。

2. 锅中放入清水和少许精盐煮沸，下入苦瓜丝和红甜椒丝焯1分钟，捞出、沥水、晾凉。

3. 苦瓜丝、红甜椒丝放入容器内，加入白糖、味精、精盐，淋入香油拌匀，装盘上桌即可。

▶菇椒拌腐丝

材料 干豆腐200克，水发香菇100克，红甜椒、青椒各25克，姜丝10克，香油2大匙，精盐2小匙，白糖1小匙，味精、白醋各1/2小匙。

🍲 **制作步骤** ZHIZUO BUZHOU

1. 干豆腐切细丝；水发香菇去蒂，洗净，切成丝；红甜椒、青椒均去蒂、去籽，洗净，分别切细丝。

2. 锅中加入清水烧沸，下入干豆腐丝，用大火煮沸，改用小火焯约5分钟，捞出、沥水。

3. 干豆腐丝放入容器内，加入精盐、白醋、味精、白糖拌匀，均匀地摊放在盘内。

4. 锅中放入香油烧热，下入姜丝炒香，加入香菇丝炒熟，下入椒丝，撒入精盐、味精炒1分钟，出锅盛放在干豆腐丝上即可。

▶醋汁 豇豆

材料
豇豆150克，老姜25克，精盐1小匙，味精1/2小匙，香醋4小匙，香油2小匙，清汤1大匙。

🥄 **制作步骤**

1. 豇豆撕去筋络，洗净，沥水，切成5厘米长的段，下入沸水锅中焯烫至熟、呈翠绿色时，捞出、过凉，沥去水分。

2. 老姜去皮，洗净，切成碎粒，放入碗中，加入清汤、味精、香油调成味汁。

3. 将豇豆段放入大碗中，先加入精盐、香醋调匀，浸渍片刻，再淋入调好的味汁调拌均匀入味，装盘上桌即成。

美极小萝卜

材料 樱桃萝卜500克, 精盐1小匙, 味精1/2小匙, 美极鲜酱油3大匙, 清汤150克。

制作步骤 ZHIZUO BUZHOU

1. 樱桃萝卜去掉缨子, 洗净后用刀拍裂, 加入少许精盐拌匀, 腌制20分钟, 捞出、沥干。

2. 将美极鲜酱油、清汤、精盐、味精放入容器内调拌均匀成味汁。

3. 放入樱桃萝卜拌匀, 浸泡30分钟至均匀入味, 装碗上桌即可。

凉拌空心菜

材料 空心菜750克, 麻酱1大匙, 蒜蓉5克, 精盐、味精、香油、芥末各1/2小匙, 陈醋、腐乳汁各1小匙, 植物油2小匙。

制作步骤 ZHIZUO BUZHOU

1. 空心菜择洗干净, 下入加有精盐、植物油的沸水锅中焯烫一下, 捞出、沥干。

2. 麻酱放入碗中, 加入少许清水、精盐、腐乳汁、芥末、味精、陈醋、香油、蒜蓉调拌均匀成味汁, 放入空心菜拌匀, 装盘上桌即成。

Part 2 适口热菜

▶双耳菠菜根

材料 菠菜根200克，水发银耳、水发木耳各100克，姜丝5克，精盐、鸡精各1小匙，植物油2大匙。

🍲 **制作步骤** *ZHIZUO BUZHOU*

1. 菠菜根洗净，放入沸水锅内略焯一下，捞出、沥干；水发银耳、水发木耳分别择洗干净，撕成小朵。

2. 锅中加上植物油烧热，放入姜丝炒香，放入菠菜根、水发木耳、水发银耳翻炒均匀，加入精盐、鸡精调味，即可出锅装盘。

▶芥蓝鸡腿菇

材料 芥蓝300克, 鸡腿菇200克, 葱花、姜丝各5克, 精盐、味精、鸡精各1/2小匙, 白糖、水淀粉各1小匙, 植物油适量。

🍲 制作步骤

1. 芥蓝洗净, 切成斜刀块, 放入加有少许植物油和精盐的沸水锅中焯烫一下, 捞出、冲凉, 沥干水分。

2. 鸡腿菇放入淡盐水中浸泡片刻, 再换清水洗净, 切成大片, 放入沸水锅中焯烫一下, 捞出、沥水。

3. 锅中加入植物油烧热, 下入葱花、姜丝炒香, 放入芥蓝、鸡腿菇、精盐、味精、白糖、鸡精炒匀, 用水淀粉勾芡, 即可装盘上桌。

51

▶草菇烧丝瓜

材料 丝瓜500克, 鲜草菇100克, 精盐、味精、胡椒粉、料酒、水淀粉、清汤、植物油各适量。

制作步骤 ZHIZUO BUZHOU

1. 草菇去蒂, 洗净, 焯烫一下, 捞出沥水; 丝瓜去皮, 洗净, 切成4条, 去瓤, 切成斜方块。

2. 锅置火上, 加入植物烧至六成热, 下入丝瓜块滑油, 倒入漏勺、沥油。

3. 锅留底油烧热, 下入草菇、丝瓜条, 加入精盐、味精、胡椒粉烧至入味, 水淀粉勾芡即成。

▶红烧 香菇

材料 净香菇片500克, 青椒块、胡萝卜片各30克, 姜片、葱段、精盐、味精、白糖、花椒水、酱油、料酒、水淀粉、清汤、植物油各适量。

制作步骤 ZHIZUO BUZHOU

1. 锅中加入植物油烧至七成热, 放入香菇片、青椒块、胡萝卜片略炸, 出锅、沥油。

2. 锅留底油烧热, 下入葱段、姜片炒香, 加酱油、清汤、料酒、花椒水、味精、精盐、白糖和香菇烧入味, 水淀粉勾芡, 出锅即成。

尖椒干豆腐

材料 干豆腐300克,青尖椒75克,葱末、姜末各5克,精盐、味精、白糖、水淀粉各少许,料酒2小匙,酱油1大匙,清汤、植物油各2大匙。

🍲 制作步骤

1. 将干豆腐切成1厘米宽,5厘米长的小条;青尖椒去蒂、去籽,洗净,切成长条。

2. 锅中加入植物油烧至六成热,下入葱末、姜末炝锅,加入料酒、酱油、精盐、白糖、清汤。

3. 放入干豆腐条烧透,然后加入青尖椒片、味精炒匀,用水淀粉勾芡,出锅装盘即成。

豇豆炒豆干

材料 豆腐干300克，豇豆200克，葱段、姜片、蒜末各10克，精盐、味精、胡椒粉各1/2小匙，酱油1大匙，水淀粉2小匙，香油1小匙，植物油500克(约耗30克)。

🍛 **制作步骤** ZHIZUO BUZHOU

1. 豆腐干洗净，切成小条，放入沸水锅内焯透，捞出、沥干，加入酱油拌匀，下入热油锅中略炸，捞出、沥油。

2. 豇豆择洗干净，切成小段，放入沸水锅中略焯，捞出、沥干；锅中加上植物油烧热，下入葱段、姜片和蒜末炒香。

3. 放入豇豆段稍炒，加入豆腐干、精盐、味精、胡椒粉炒至入味，用水淀粉勾芡，淋入香油，出锅装盘即可。

▶滑炒豌豆苗

材料 豌豆苗750克，红椒适量，精盐、味精各1/2小匙，植物油1大匙。

🍲 制作步骤

1. 将豌豆苗择洗干净，沥干水分；红椒去蒂及籽，洗净，切成细丝。

2. 坐锅点火，加入植物油烧至六成热，先下入豌豆苗略炒一下。

3. 加入精盐、味精快速翻炒均匀，撒上红椒丝，出锅装盘即可。

▶滑菇炒小白菜

材料

小白菜300克，滑子菇200克，蒜片5克，精盐、料酒各1小匙，味精、鸡精各1/2小匙，水淀粉适量，香油、植物油各1大匙。

🍲 **制作步骤** ZHIZUO BUZHOU

1. 小白菜去根，洗净，沥干水分；滑子菇择洗干净，放入沸水锅中焯透，捞出、沥水。

2. 锅置火上，加入植物油烧热，先下入蒜片炒香，再放入小白菜、滑子菇炒匀。

3. 烹入料酒，加入精盐、味精、鸡精调味，用水淀粉勾芡，淋入香油，出锅装盘即可。

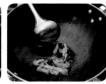

香菇豆腐饼

 材料

豆腐1块，香菇末、玉米粒、净油菜心各50克，鸡蛋2个，葱末、姜末各15克，精盐、白糖、鸡精、辣酱油各1/2小匙，植物油2大匙。

制作步骤

1. 豆腐捣碎，加入香菇末、葱末、姜末、玉米粒、鸡蛋、精盐、鸡精拌匀，制成小圆饼，放入热油锅内煎至熟嫩，取出，装盘。

2. 净锅置火上，加入辣酱油、精盐、白糖、少许清水烧沸，出锅浇淋在豆腐饼上，再用焯熟的净油菜心围边，上桌即可。

香菇栗子

 材料

香菇、栗子各200克，红椒丝、青椒丝各适量，葱花、姜末、蒜末各5克，精盐1小匙，味精1/2小匙，植物油2大匙。

制作步骤

1. 香菇去蒂，洗净，切成块，放入沸水锅中略焯，捞出沥水；栗子入锅蒸熟，去皮，切成两半。

2. 锅中加入植物油烧热，下入葱花、姜末、蒜末爆香，再放入香菇、栗子略炒。

3. 放入红椒丝、青椒丝，加入精盐、味精翻炒至均匀入味，出锅装盘即可。

▶黄豆芽炒雪菜

材料 黄豆芽200克,腌雪菜100克,葱丝10克,姜丝5克,精盐、味精、花椒粉、料酒各1/2小匙,酱油1大匙,清汤100克,植物油2大匙。

🍲 **制作步骤** ZHIZUO BUZHOU

1. 黄豆芽择洗干净,放入沸水锅中焯透,捞出沥干;腌雪菜放入清水中泡去多余盐分,洗净,沥干,切成3厘米长的段。

2. 炒锅置火上,加入植物油烧热,先下入葱丝、姜丝、花椒粉炒香,烹入料酒,添入清汤和雪菜段炒匀。

3. 加入酱油、精盐、味精、黄豆芽翻炒至入味,待汤汁将干时,淋入少许明油,即可出锅装盘。

鱼香白菜卷

材料

白菜心6个, 青椒末、红椒末各少许, 葱花15克, 蒜片10克, 姜末5克, 精盐、酱油各1小匙, 白糖、米醋各2小匙, 辣椒油2大匙, 植物油适量。

制作步骤

1. 白菜心洗净, 用牙签串在一起, 放入漏勺中, 用热油浇淋至熟香, 摆在大盘中, 撒上青椒末、红椒末。

2. 锅中留少许底油烧热, 先下入葱花、姜末、蒜片炒出香味, 添入少许清水。

3. 加入精盐、酱油、白糖、米醋、辣椒油翻炒均匀成鱼香汁, 出锅浇在白菜心上即可。

▸*虎皮*青椒

材料 青椒500克，精盐1小匙，酱油2小匙，香醋1大匙，味精1/2小匙，植物油适量。

🍲 **制作步骤** ZHIZUO BUZHOU

1. 将青椒切去蒂，用剪刀挖出青椒籽，洗净，沥干水分。

2. 锅中加入植物油烧热，先下入青椒，用小火煸炒至青椒表面呈虎皮色。

3. 加入精盐、酱油、味精和香醋，用旺火翻炒至入味，即可出锅装盘。

黄豆芽炒榨菜

材料 黄豆芽300克,榨菜100克,葱末、姜末各10克,味精1小匙,白糖1/2小匙,酱油、料酒各1大匙,香油少许,水淀粉2小匙,清汤3大匙,植物油2大匙。

🍲 **制作步骤**

1. 将黄豆芽择洗干净;榨菜去外皮,洗净,切成小丁,用温水浸泡20分钟,捞出、沥干。

2. 净锅置火上,加上植物油烧至六成热,下入葱末、姜末炒香,放入黄豆芽煸炒至软,烹入料酒。

3. 加入榨菜丁、酱油、白糖、味精、清汤翻炒至熟,用水淀粉勾薄芡,淋入香油,出锅装盘即成。

▶香菇炒西葫芦

材料　西葫芦300克,鲜香菇、胡萝卜各50克,熟松子仁25克,葱末、姜末各少许,精盐、白糖、鸡精、胡椒粉、香油各1/2小匙,植物油2大匙。

制作步骤 ZHIZUO BUZHOU

1. 西葫芦洗净,去皮及瓤,切成小条,加入少许精盐略腌一下,捞出;鲜香菇去蒂,洗净,切成小条;胡萝卜去皮,洗净,切成小条。

2. 锅中加上植物油烧热,下入葱末、姜末炒香,放入胡萝卜、香菇、西葫芦、松子仁、精盐、白糖、鸡精、胡椒粉炒至入味,淋入香油即可。

▶银杏百合 炒芦笋

材料　芦笋150克,百合50克,银杏30粒,精盐、胡椒粉、生抽、香油各1/2小匙,植物油2大匙。

制作步骤 ZHIZUO BUZHOU

1. 芦笋切成小段,放入沸水锅中,加入少许精盐焯烫一下,捞出、冲凉;银杏去壳,放入沸水中煮2分钟,捞出、沥干;百合瓣成小瓣。

2. 锅内加上植物油烧热,放入芦笋段、百合、银杏、精盐、胡椒粉、香油炒匀即可。

▶回锅豆腐

材料 北豆腐1块,青蒜30克,芹菜25克,水发木耳、红椒块各20克,精盐、酱油各2小匙,味精1/2小匙,白糖1小匙,豆瓣酱2大匙,料酒4小匙,植物油适量。

🍲 制作步骤

1. 北豆腐洗净,切成大片,放入热油锅中炸呈浅黄色,捞出、沥油。

2. 青蒜、芹菜分别择洗干净,均切成小段;水发木耳择洗干净,撕成小朵。

3. 锅中加油烧热,放入豆瓣酱炒出香味,再加入酱油、料酒、白糖及适量清水烧沸。

4. 放入豆腐片,转小火烧至汤汁浓稠,放入木耳、芹菜段、青蒜段、红椒块炒匀即可。

▶胡萝卜炒木耳

材料　胡萝卜200克，水发木耳150克，姜末10克，精盐、鸡精、酱油各1小匙，白糖1/2小匙，料酒1大匙，植物油2大匙。

🍲 **制作步骤** *ZHIZUO BUZHOU*

1. 胡萝卜去皮，洗净，切成花刀条；水发木耳去蒂，洗净，撕成小朵，与胡萝卜条分别放入沸水锅中焯烫一下，捞出、沥干。

2. 坐锅点火，加入植物油烧热，下入姜末炒出香味，放入胡萝卜片、水发木耳翻炒片刻。

3. 烹入料酒，加入精盐、鸡精、酱油和白糖，用旺火炒熟且入味，即可出锅装盘。

▶杭椒炒素菇

材料 杭椒200克,鲜蘑150克,葱末、姜末各5克,精盐、味精各1/2小匙,水淀粉、香油各1小匙,料酒1大匙,植物油2大匙。

🍲 制作步骤

1. 杭椒去蒂,洗净,沥水,用刀面轻轻拍松散;鲜蘑去掉老根,洗净,撕成细条,放入沸水锅中焯透,捞出、沥干。

2. 坐锅点火,加入植物油烧热,下入葱末、姜末炒出香味,放入杭椒、鲜蘑炒匀。

3. 烹入料酒,加入精盐、味精翻炒均匀,用水淀粉勾薄芡,淋入香油,即可盛出装盘。

▶清炒荷兰豆

荷兰豆350克，蒜瓣15克，精盐1小匙，味精1/2小匙，水淀粉1大匙，植物油2小匙。

🍳 制作步骤

1. 荷兰豆撕去豆筋，切去两端，放入加有少许精盐和植物油的沸水锅中焯透，捞出、过凉，沥干水分；蒜瓣去皮，洗净，剁成蒜末。

2. 坐锅点火，加上植物油烧至六成热，下入蒜末炒出香味，放入荷兰豆略炒一下。

3. 加入精盐、味精快速翻炒至入味，用水淀粉勾薄芡，淋入明油，即可出锅装盘。

▶芦笋炒三菇

材料 芦笋、蘑菇、鲍鱼菇、草菇各适量，葱花10克，精盐少许，酱油、白糖各1小匙，植物油1大匙，香油2小匙。

 制作步骤

1. 芦笋洗净，去根和外皮，切段；蘑菇、草菇、鲍鱼菇洗净，切段后焯烫一下，捞出。

2. 锅内加入植物油烧热，下入葱花炝锅，放入芦笋条、蘑菇、鲍鱼菇、草菇和调料，用旺火翻炒均匀，淋上香油，出锅装盘即可。

▶油焖冬瓜脯

材料 冬瓜200克，草菇、香菇、青菜各100克，精盐、白糖各1/2小匙，酱油1小匙，水淀粉1大匙，香油2小匙，植物油2大匙。

制作步骤

1. 草菇、香菇去蒂，洗净；冬瓜去皮，切成片；青菜洗净，分别焯烫一下，捞出，沥水。

2. 锅中加入植物油烧热，放入草菇、香菇、冬瓜片炒匀，加入精盐、酱油、白糖调味。

3. 转中火焖至入味，用水淀粉勾芡，淋入香油，出锅装盘，用青菜围边即可。

素烧冬瓜

材料 冬瓜600克，葱段、姜片、葱花各10克，精盐、味精各1/2小匙，清汤3大匙，水淀粉、植物油各1大匙。

🍲 **制作步骤** *ZHIZUO BUZHOU*

1. 冬瓜削去外皮，去掉冬瓜瓤，用清水洗净，先切成长方形片，再用花刀切成花条。

2. 净锅置火上，加上植物油烧至六成热，下入葱段、姜片炝锅出香味，下入冬瓜条煸炒至稍软。

3. 添入清汤，加入精盐、味精炒至入味，用水淀粉勾芡，出锅盛入盘中，撒上葱花，即可上桌。

鱼香茭白

材料

茭白500克,泡辣椒段15克,葱末、姜末、蒜末各5克,精盐、豆瓣酱各1小匙,胡椒粉、鸡精、白糖、料酒、米醋各少许,淀粉2小匙,酱油、香油、辣椒油、清汤、植物油各适量。

制作步骤

1. 茭白去皮,洗净,切成片;豆瓣酱剁成末;碗中加入酱油、清汤、精盐、料酒、米醋、辣椒油、白糖、胡椒粉、鸡精、淀粉调成鱼香汁。

2. 锅置火上,加入植物油烧至七成热,放入茭白片滑透,捞出、沥油。

3. 锅留少许底油,复置火上烧热,下入葱末、姜末、蒜末和豆瓣酱末炒香。

4. 放入泡辣椒段、茭白片炒匀,烹入鱼香汁翻炒均匀,淋入香油,出锅装盘即可。

▶干煸土豆片

材料 土豆500克，香菜50克，红干椒15克，蒜末5克，精盐1/2大匙，味精1小匙，白糖、花椒油、香油各1/2小匙，植物油适量。

🌹制作步骤

1. 土豆去皮，洗净，切成薄片，放入烧至七成热油锅中炸呈金黄色，捞出、沥油。

2. 香菜择洗干净，切成小段；红干椒洗净，去蒂及籽，切成细丝。

3. 锅中加入少许植物油烧热，下入红干椒丝、蒜末炒出香味，放入土豆片炒匀。

4. 加入精盐、白糖、味精，转小火翻炒2分钟，撒入香菜段，淋入花椒油、香油即成。

▶紫茄 青椒丝

材料 紫茄子400克，青椒100克，葱末、姜末各5克，蒜末10克，精盐1/2小匙，味精少许，植物油3大匙。

制作步骤

1. 紫茄子去蒂、洗净，切成粗丝，放入清水中浸泡3分钟，捞出，挤干水分；青椒洗净，去蒂及籽，切成细丝。

2. 炒锅置火上，加上植物油烧至七成热，先下入葱末、姜末、蒜末炒出香味。

3. 放入茄子丝炒软，加入青椒丝略炒，放入精盐、味精翻炒至入味，即可出锅装盘。

▶ 番茄土豆片

材料 土豆250克，小番茄100克，洋葱、青椒各50克，精盐1小匙，番茄酱1大匙，水淀粉2小匙，植物油适量。

🌀 制作步骤 ZHIZUO BUZHOU

1. 土豆去皮，切成半圆片，下入热油锅中炸上色，捞出；洋葱、青椒分别洗净，切成片。

2. 锅中加入植物油烧热，放入番茄酱、精盐，添入少许清水炒成甜酸适口的番茄汁。

3. 下入洋葱片、番茄片、土豆片、青椒片翻炒至熟，用水淀粉勾薄芡，出锅装盘即成。

▶ 香辣胡萝卜条

材料 胡萝卜200克，青椒条、红椒条各20克，干红椒段、蒜蓉各10克，精盐1小匙，味精1/2小匙，淀粉1大匙，植物油适量。

🌀 制作步骤 ZHIZUO BUZHOU

1. 胡萝卜去皮，洗净，切成小条，拍上一层淀粉，放入热油锅内稍炸，捞出、沥油。

2. 锅中留底油烧热，下入蒜蓉、青椒条、红椒条、干红椒段炒香，放入胡萝卜条略炒，加入精盐、味精调味，即可出锅装盘。

▶风林茄子

材料 茄子200克，香葱段、姜末各10克，精盐、老抽王各1小匙，味精、香油各1/2小匙，白糖少许，水淀粉4小匙，清汤3大匙，植物油500克（约耗100克）。

🍲 **制作步骤**

1. 茄子去蒂、去皮，洗净，切成大粗条，放入六成热的油锅中炸呈金黄色，捞出、沥油。

2. 锅留底油烧热，下入姜末煸炒出香味，放入茄子条，添入清汤烧沸，加入精盐、味精、白糖、老抽王，转小火烧至汁浓。

3. 放入香葱段，用水淀粉勾薄芡，淋入香油，出锅装盘即成。

▶干煸南瓜条

材料 南瓜500克，芽菜末25克，葱花5克，精盐1/2大匙，味精、料酒各1小匙，白糖、香油各1/2小匙，淀粉、植物油各3大匙。

🍲 制作步骤 ZHIZUO BUXHOU

1. 南瓜洗净，去皮及瓤，切成5厘米长的条，放入沸水锅中焯烫2分钟，捞出、沥干，放入碗中，裹匀一层淀粉。

2. 锅中加入植物油烧至七成热，下入南瓜条炸至外皮酥脆，捞出、沥油；锅中留少许底油烧热，放入芽菜末、葱花、南瓜条炒匀。

3. 烹入料酒，加入精盐、白糖、味精，用小火煸炒5分钟至入味，淋入香油，即可出锅装盘。

▶番茄菜花

材料 菜花600克，葱花、姜片各5克，味精1小匙，番茄酱、白糖各3大匙，米醋5小匙，水淀粉2小匙，植物油75克，清汤100克。

🍲 制作步骤

1. 将菜花洗净，切成小块，放入沸水锅中焯至五分熟，捞出、沥干。

2. 坐锅点火，加入植物油烧热，下入番茄酱、葱花、姜片炒香，添入清汤煮沸。

3. 放入菜花炒匀，加上白糖、米醋、味精，改用旺火烧约10分钟，然后用水淀粉勾薄芡，出锅装盘即成。

芦笋炒香干

![材料]
豆腐干300克, 芦笋150克, 精盐1/2小匙, 味精1/3小匙, 清汤100克, 植物油适量。

制作步骤 ZHIZUO BUZHOU

1. 豆腐干洗净, 切成粗丝, 下入七成热油中炸至熟透, 捞出、沥油; 芦笋去根, 削去老皮, 洗净沥干, 切成小段。

2. 锅中留少许底油烧热, 下入芦笋段炒至断生, 放入豆腐干翻炒均匀。

3. 加入精盐、味精、清汤炒至入味, 用水淀粉勾芡, 即可出锅装盘。

▶雪菜豆皮

材料 新鲜豆皮300克,雪里蕻200克,大葱15克,清汤100克,鸡精、精盐各1小匙,香油1/2小匙,植物油30克。

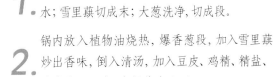 制作步骤

1. 豆皮切成片,放入沸水锅内煮3分钟,捞出、沥水;雪里蕻切成末;大葱洗净,切成段。

2. 锅内放入植物油烧热,爆香葱段,加入雪里蕻炒出香味,倒入清汤,加入豆皮、鸡精、精盐、香油炒至入味,出锅装盘即可。

▶木瓜炒百合

材料 木瓜400克,百合250克,精盐1小匙,味精2小匙,白糖4大匙,水淀粉5小匙,植物油1大匙。

 制作步骤

1. 木瓜用水洗净,剖成两半,除去瓜籽及瓜瓢,洗净后切成片;鲜百合放入清水盆中浸泡至软,冲洗干净,沥干水分。

2. 锅内加入植物油烧热,放入木瓜、百合同炒,加入精盐、白糖、味精调好口味,成熟时用水淀粉勾芡,出锅装盘即成。

麻辣冻豆腐

材料 冻豆腐300克,香菇50克,干红辣椒15克,香菜10克,花椒5克,精盐、味精各少许,豆瓣酱1小匙,辣椒油1大匙,植物油适量。

🍲 **制作步骤** ZHIZUOBUZHOU

1. 冻豆腐化开,洗净,切成小块;香菇去蒂,用清水洗净,沥水,一切两半,下入沸水锅中焯烫至熟,捞出沥水;干红辣椒洗净,沥水,切成段;香菜择洗干净,切成段。

2. 锅中加上油烧热,下入花椒、干红辣椒段炸香,放入冻豆腐块、豆瓣酱及适量清水煮沸。

3. 放入香菇块、辣椒油炒匀,加入精盐、味精调好口味,撒上香菜段,即可出锅装盘。

▶翡翠豆腐

材料 鲜蚕豆350克，豆腐150克，精盐1/2小匙，白糖2小匙，植物油2大匙。

🥘 **制作步骤**

1. 鲜蚕豆剥去外皮，洗净，放入清水锅中烧沸，转中火煮烂，捞出，放在砧板上压成泥；豆腐放入沸水锅中焯透，取出，压成豆腐泥。

2. 炒锅置旺火上，加入植物油烧至六成热，放入蚕豆泥、豆腐泥炒3分钟，加入白糖、精盐不断翻炒均匀。

3. 待炒至水分减少、豆泥起沙时，出锅装盘，即可上桌。

▶番茄炒豆腐

材料 豆腐350克，西红柿100克，青豆粒15克，精盐、味精各1/2小匙，白糖、料酒各1小匙，水淀粉2小匙，植物油2大匙，清汤150克。

🍲 制作步骤 *ZHIZUO BUZHOU*

1. 豆腐洗净，切成2厘米见方的小块，放入沸水锅中焯至透，捞出、沥干；青豆粒放入清水盆中浸泡，洗净，沥干。

2. 西红柿洗净，用沸水略烫一下，取出，撕去外皮，切成小丁，加入少许精盐稍腌片刻。

3. 锅中加上植物油烧热，下入西红柿丁略炒，放入青豆粒、豆腐块炒匀，烹入料酒，添入清汤，加入精盐、白糖、味精翻炒至收汁，用水淀粉勾薄芡，淋入明油，即可出锅装盘。

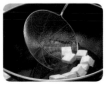

▶豆干炒瓜皮

材料 豆腐干250克，西瓜皮200克，葱丝10克，精盐、鸡精、白糖、料酒各1小匙，香油少许，植物油2大匙，清汤4大匙。

🍲 制作步骤 SHIZUO SHIZHOU

1. 豆腐干洗净，切成小条；西瓜皮洗净，片去绿皮，切成粗条，加入少许精盐略腌，沥干水分。

2. 坐锅点火，加入植物油烧热，下入葱丝炒出香味，烹入料酒，放入西瓜皮条、豆腐干炒匀。

3. 添入清汤，加入精盐、鸡精、白糖炒至入味，待汤汁收浓时，淋入香油，即可出锅装盘。

▶焖炒茭白

材料 嫩茭白500克，精盐、白糖、胡椒粉、料酒、水淀粉、香油、植物油各适量。

🌹 **制作步骤** ZHIZUO BUZHOU

1. 茭白削去外皮，切去老根，洗净，沥干水分，剖开，斜切成片，放入烧至五成热的油锅内略炸，捞出、沥油。

2. 锅中留底油烧热，放入茭白，烹入料酒，加入清水、精盐、胡椒粉、白糖焖几分钟，用水淀粉勾芡，淋入香油即可。

▶双花炒口蘑

材料 西蓝花、花椰菜各200克，口蘑50克，精盐1小匙，鸡精少许，料酒1大匙，水淀粉2小匙，清汤、植物油各适量。

🌹 **制作步骤** ZHIZUO BUZHOU

1. 西蓝花、花椰菜去根，洗净，掰成小朵，放入沸水锅内焯烫至透，捞出、沥水，口蘑洗净，去蒂，切成厚片。

2. 净锅置火上烧热，加入清汤、精盐、鸡精和料酒烧沸，放入口蘑片、花椰菜、西蓝花炒至入味，用水淀粉勾芡，出锅装盘即可。

芥蓝腰果香菇

材料 芥蓝400克, 腰果50克, 香菇10朵, 红辣椒圈适量, 蒜片5克, 精盐、味精各2小匙, 鸡精1/2大匙, 白糖1小匙, 水淀粉、植物油各2大匙。

🍲 制作步骤

1. 芥蓝去叶, 洗净, 切成段, 用红椒圈逐一穿好; 香菇去蒂, 洗净, 与芥蓝分别焯水, 沥干; 腰果放入热油锅中炸熟, 捞出、沥油。

2. 锅留底油烧热, 下入蒜片、芥蓝段、腰果、香菇翻炒均匀, 加入精盐、白糖、鸡精、味精调味, 用水淀粉勾芡, 出锅装盘即成。

▶芦笋 *小炒*

材料 芦笋罐头1罐,青菜15棵,香菇10朵,精盐2小匙,味精1/2小匙,水淀粉3大匙,清汤适量。

🍲 **制作步骤** *ZHIZUO RUZHOU*

1. 芦笋去根,洗净,切成小段;青菜洗净,取嫩菜心,对半切开,放入沸水锅中焯烫一下,捞出、沥水;香菇泡发,去蒂,洗净。

2. 净锅置火上,加入清汤煮沸,加入芦笋条、嫩菜心和香菇,用小火炖煮5分钟,捞入盘中。

3. 把锅中汤汁烧沸,撇去浮沫,用水淀粉勾芡成浓汤,加入精盐、味精调味,出锅淋在芦笋上即可。

▶清炒黄瓜片

材料 黄瓜300克, 蒜片10克, 精盐1小匙, 味精1/2小匙, 植物油3大匙。

制作步骤

1. 将黄瓜洗净, 去皮, 从中间顺长剖成两半, 再去除籽瓤, 片成0.5厘米厚的长片。

2. 炒锅置火上, 加入植物油烧热, 下入蒜片炒出香味, 放入黄瓜片翻炒均匀。

3. 加入精盐炒至熟透入味, 放入味精翻炒几下, 淋入明油, 即可出锅装盘。

爽口辣白菜片

材料

白菜400克，干红辣椒15克，葱片、姜末各5克，精盐1/2大匙，味精、米醋各1/2小匙，白糖1大匙，酱油、淀粉各2小匙，植物油4大匙。

制作步骤 *ZHIZUO BUZHOU*

1. 白菜取嫩菜帮，片成大片，放入沸水锅内焯烫一下，捞出、过凉、沥水；干红辣椒切成小块。

2. 锅置火上，加入植物油烧热，下入葱片、姜末炝锅，放入白菜片炒匀。

3. 加入干辣椒块稍炒，放入白糖、精盐、酱油，烹入米醋，继续翻炒至均匀入味，调入味精，用水淀粉勾薄芡，出锅装盘即可。

素炒鲜芦笋

材料 鲜芦笋300克，姜末15克，精盐、味精各1/2小匙，水淀粉2小匙，香油1小匙，清汤100克，植物油2大匙。

🍲 制作步骤

1. 芦笋去根，洗净，斜刀切成3厘米长段，再放入沸水锅中焯透，捞出、冲凉，沥干水分。

2. 锅内加入植物油烧热，下入姜末、芦笋段炒匀，添入清汤，加入精盐、味精炒至入味，用水淀粉勾芡，淋入香油，即可出锅装盘。

家常蒜椒茄子

材料 茄子400克，鲜红辣椒2个，大葱、蒜瓣各10克，精盐1/2小匙，酱油2大匙，水淀粉1/2大匙，植物油3大匙。

🍲 制作步骤

1. 茄子去蒂，洗净，切成小段；大葱洗净，切成段；鲜红辣椒洗净，去蒂，切成小片。

2. 锅置火上，加入植物油烧至六成热，放入茄子条，用旺火煎炸至八分熟，滗去锅内余油。

3. 加入辣椒片、葱段、蒜瓣、酱油、精盐和清水烧至入味，用水淀粉勾芡，出锅装盘即可。

栗子扒油菜

材料 油菜250克, 熟板栗肉200克, 香菇50克, 胡萝卜片少许, 姜片5克, 精盐1小匙, 白糖、胡椒粉、淀粉、酱油、料酒、香油、植物油各适量, 清汤100克。

🍲 制作步骤 *ZHIZUO BUZHOU*

1. 香菇去蒂, 洗净, 切成两半; 熟板栗肉切成两半; 油菜择洗干净, 放入沸水锅内焯烫一下, 捞出、过凉、沥水。

2. 净锅置火上, 加入植物油烧热, 放入油菜、精盐、味精炒匀, 出锅, 码放入盘中垫底。

3. 锅中加入少许植物油烧热, 爆香姜片, 放入香菇、板栗肉、胡萝卜片及余下调料扒至入味, 用水淀粉勾芡, 盛在油菜上即可。

草菇小炒

材料

白菜250克, 草菇20个, 水发木耳100克, 黄瓜、芹菜各50克, 胡萝卜30克, 精盐、冰糖末各2小匙, 味精1小匙, 植物油2大匙。

🍲 **制作步骤**

1. 水发木耳去蒂, 择洗干净, 撕成小块; 白菜去根, 洗净, 片成大片; 黄瓜、胡萝卜分别洗净, 均切成薄片。

2. 芹菜择洗干净, 切成小粒; 锅中加入植物油烧热, 放入白菜片、黄瓜片、木耳块、胡萝卜片、草菇略炒一下。

3. 加入精盐、味精、冰糖末调味, 撒上芹菜粒炒匀, 即可出锅装盘。

芹菜炒豆干

材料 豆干300克, 芹菜100克, 红椒条20克, 葱末、姜末、胡椒粉、水淀粉、香油各少许, 酱油1小匙, 味精、料酒各1/2小匙, 清汤、植物油各3大匙。

制作步骤 ZHIZUO BUZHOU

1. 豆干切成小条, 放入沸水锅内焯烫一下, 捞出、沥水, 再放入热油锅中冲炸一下, 捞出、沥油; 芹菜择洗干净, 切成小段。

2. 锅中加上少许植物油烧热, 下入葱末、姜末、芹菜段炒香, 烹入料酒, 放入豆干条略炒。

3. 加入清汤、酱油、味精、胡椒粉炒匀, 用水淀粉勾芡, 淋入香油, 即可出锅装盘。

年糕炒南瓜

材料 年糕、南瓜各200克, 菠萝、荷兰豆各100克, 荸荠50克, 精盐1小匙, 鸡精、白糖各1/2小匙, 水淀粉1大匙, 植物油2大匙, 清汤150克。

制作步骤

1. 南瓜去皮、去瓢, 洗净, 切成大片, 放入沸水锅内, 加上少许精盐焯烫一下, 捞出、沥水。

2. 年糕切成小片, 放入油锅内稍煎, 取出; 菠萝去皮, 切成小条; 荷兰豆去豆筋, 切成小块; 荸荠去皮, 洗净, 切成片。

3. 锅置火上, 加入植物油烧热, 放入南瓜片和年糕片稍炒, 加上菠萝条、荷兰豆、荸荠片炒匀, 添入清汤, 加入精盐、鸡精、白糖翻炒片刻, 用水淀粉勾芡, 出锅装盘即可。

川东菜炒毛豆

材料 鲜毛豆仁300克，川东菜100克，枸杞子50克，葱末、姜末各5克，精盐1小匙，白糖1/2小匙，酱油1/2大匙，植物油1大匙。

制作步骤 ZHIZUO BUZHOU

1. 毛豆仁洗净，放入沸水锅中焯烫，捞出、晾凉；枸杞子洗净；川东菜反复洗净，切成末。

2. 锅置火上，加入植物油烧热，放入川东菜末煸炒，下入葱末、姜末炒出香味。

3. 放入毛豆仁、枸杞子，加入精盐、酱油、白糖翻炒均匀，装盘上桌即可。

素烩茄子块

材料 茄子500克，西红柿100克，洋葱粒、青椒粒各50克，芹菜粒25克，香叶10克，蒜末5克，精盐1小匙，胡椒粉1/2小匙，植物油2大匙，清汤240克。

制作步骤 ZHIZUO BUZHOU

1. 茄子去皮、去蒂，洗净，切成方块；西红柿去蒂，洗净，用沸水略烫后去皮，切成斜角块。

2. 锅置火上，加入植物油烧热，放入香叶、茄子块炒至五分熟，加上各种料丁、清汤烩熟，加入蒜末、精盐、胡椒粉调好口味即成。

豆瓣茄子

材料　茄子300克，葱段10克，姜片、蒜片各5克，白糖、豆瓣酱各2小匙，植物油1000克（约耗50克）。

🍲 **制作步骤** ZHIZUO BUZHOU

1. 茄子去蒂，洗净，切成小条，放入清水中浸泡5分钟，捞出沥水。

2. 锅置火上，加入植物油烧热，放入茄条炸软，捞出、沥油。

3. 锅留底油烧热，先下入葱段、姜片爆香，再加入豆瓣酱炒香。

4. 放入炸好的茄条烧至入味，加入蒜片和白糖炒匀，出锅装盘即可。

▸什锦豌豆粒

材料 豌豆粒200克，胡萝卜、荸荠、黄瓜、土豆、水发木耳、豆腐干各50克，葱末、姜末、精盐、味精、白糖、料酒、水淀粉、清汤、植物油各适量。

🍲 制作步骤 ZHIZUO BUZHOU

1. 胡萝卜、荸荠、黄瓜、土豆、豆腐干分别洗涤整理干净，均切成小丁；水发木耳撕成小朵，放入沸水锅内焯烫一下，捞出、过凉。

2. 净锅置火上，加入植物油烧至六成热，下入葱末、姜末炒香，放入豌豆粒和各种料丁翻炒均匀。

3. 烹入料酒，加上精盐、味精、白糖、清汤烧至入味，用水淀粉勾芡，即可出锅装盘。

西芹炒百合

材料 西芹300克，鲜百合50克，姜末少许，精盐、味精、水淀粉、花椒油各1小匙，白糖1/3小匙，植物油2大匙。

制作步骤

1. 西芹去根，洗净，切成3厘米长的段，放入加有少许精盐的沸水锅中焯烫一下，捞出、过凉；鲜百合去掉黑根，洗净，掰成小瓣。

2. 锅中加入清水、少许精盐、味精、植物油烧沸，放入百合瓣焯烫至熟透，捞出、过凉、沥水。

3. 锅内加入植物油烧热，下入姜末和西芹段翻炒片刻，放入百合瓣，用旺火炒拌均匀。

4. 加入精盐、味精、白糖炒至入味，用水淀粉勾薄芡，淋入热花椒油炒匀，出锅装盘即成。

冬菇炒芦笋

材料 芦笋250克，冬菇150克，胡萝卜100克，精盐1小匙，味精1/2小匙，白糖2小匙，水淀粉1大匙，植物油2大匙。

制作步骤 ZHIZUO BUZHOU

1. 冬菇用温水泡软，去蒂，洗净，每个切成两半；芦笋削去老皮，洗净，切成小段；胡萝卜去皮，洗净，切成片。

2. 炒锅置火上，加入植物油烧热，放入芦笋段、冬菇、胡萝卜片炒匀。

3. 加入白糖、精盐、味精、少许清水，旺火炒至芦笋熟嫩时，用水淀粉勾芡，出锅装盘即可。

96

香扒鲜芦笋

材料 嫩芦笋500克，葱末、姜末各5克，精盐、料酒、鸡精、香油各1小匙，白糖1/2小匙，水淀粉2小匙，清汤75克，植物油2大匙。

制作步骤

1. 嫩芦笋去根，洗净，切成两半，放入沸水锅内焯烫一下，捞出、沥水，放入盘中。

2. 锅中加油烧热，下入葱末、姜末炒香，加入料酒、清汤、精盐、白糖、鸡精，推入芦笋扒至熟，用水淀粉勾芡，淋入香油，装盘即可。

山药烩时果

材料 山药300克，白糖150克，山楂50克，蜜枣25克，蜂蜜3大匙。

制作步骤

1. 山药去皮，切成滚刀块，放入沸水锅中焯透，捞出、冲凉；山楂洗净，同蜜枣均切成小块。

2. 锅置火上，加入适量清水烧热，放入白糖、蜂蜜烧沸。

3. 放入山药块、山楂块、蜜枣块，小火烧烩至汤汁浓稠，出锅装碗即可。

▸炒山药泥

材料 山药500克，山楂糕2块，白糖2小匙，植物油4大匙。

制作步骤 ZHIZUO BUZHOU

1. 山药刷洗干净，放在笼屉内，用旺火蒸约20分钟至熟，取出晾凉，剥去外皮，用刀碾成细泥；山楂糕用圆形模具切成小片。

2. 净锅置火上，加入植物油烧至五成热，放入山药泥，加入白糖炒散，出锅、装盘。

3. 待山药泥晾凉后，用圆形模具做成桶状，整齐地码放入盘中，放上山楂糕片，即可上桌。

▶翡翠豆腐

材料
豆腐、鸡蛋清各150克，白菜叶汁50克，西红柿1个，水发香菇片25克，精盐、味精各1/2小匙，水淀粉2大匙，清汤4大匙，植物油适量。

🍲 制作步骤

1. 豆腐中加入鸡蛋清、精盐、水淀粉、味精、白菜叶汁搅成豆腐蓉；西红柿洗净，切成片。

2. 锅中加入植物油烧至四成热，用小匙蘸上油，刮取豆腐蓉，散放入油锅中，待其上浮，用手勺拉片，倒出、沥油，即为翡翠豆腐。

3. 净锅置火上，加入清汤、精盐、味精，放入西红柿片、香菇片烧沸，用水淀粉勾薄芡，放入炸好的翡翠豆腐炒匀，出锅装碗即可。

▶绿豆芽炒芹菜

材料 绿豆芽400克，芹菜150克，葱末、姜末、香油各少许，精盐1小匙，味精、米醋各1/2小匙，葱油2大匙。

🍲 制作步骤 ZHIZUO BUZHOU

1. 绿豆芽择洗干净，沥干水分；芹菜去叶，洗净，切成细丝。

2. 坐锅点火，加入葱油烧热，下入葱末、姜末炒香，放入绿豆芽、芹菜段略炒。

3. 烹入米醋，加入精盐、味精翻炒均匀，淋入香油，即可出锅装盘。

▶红花蜜冬瓜

材料 冬瓜300克，藏红花10克，白糖1大匙，白醋1小匙，鲜橙汁2大匙，清汤500克。

🍲 制作步骤 ZHIZUO BUZHOU

1. 冬瓜去皮、去瓤，挖成球状，放入沸水锅中煮至断生，捞出、沥水；藏红花用温水泡软。

2. 锅置火上，加入清汤、鲜橙汁、白糖、白醋、冬瓜球烧沸，转小火焖至汤汁浓稠时，放入藏红花翻炒均匀，出锅装碗即可。

Part 3 营养汤羹

▶口蘑锅巴汤

材料 粳米锅巴100克，口蘑50克，豆苗25克，葱段、姜片各5克，精盐1小匙，味精、料酒各1/2小匙，香油2小匙，植物油1000克（约耗100克）。

🍲 **制作步骤** *ZHIZUO BUZHOU*

1. 口蘑用温水洗净，泡软，加入少许料酒、清水、葱段、姜片上屉蒸15分钟，取出，切成片；蒸口蘑的原汁过滤。

2. 锅置中火上，滗入蒸口蘑的原汁，加入清水烧沸，放入口蘑片、料酒、精盐烧沸，加入味精，撒上豆苗推匀，盛入大碗内，淋入香油。

3. 净锅置火上，加入植物油烧热，把粳米锅巴掰长块，放入油锅内炸呈金黄色，捞入碗内，和口蘑汤同时上桌，将口蘑汤倒在锅巴上即可。

▸豆腐清汤

材料 内酯豆腐1盒（约300克），毛豆仁150克，花芸豆50克，大葱10克，精盐1小匙，清汤1600克，植物油2大匙。

🍲 制作步骤

1. 净锅置火上，加上适量清水烧沸，下入洗净的花芸豆，用中小火煮至熟，取出、沥水。

2. 内酯豆腐去包装，取出豆腐，冲洗干净，切成大块；毛豆仁洗净；大葱洗净，切成细末。

3. 净锅置火上，加上植物油烧至六成热，下入葱花炒香，加入毛豆略炒，倒入清汤煮至沸，放入花芸豆、豆腐块，小火煮约5分钟，加入精盐煮至入味，出锅装碗即成。

▶白菜地瓜豆皮汤

材料 白菜帮200克，地瓜干150克，西红柿1个，尖椒2个，豆皮30克，葱花、精盐各少许，味精、酱油各1/2小匙，清汤适量，植物油2大匙。

🍲 **制作步骤** ZHIZUO BUZHOU

1. 地瓜干、白菜帮、西红柿分别洗净，切成小块；尖椒洗净，斜切成椒圈；豆皮放入清水中浸软，捞出沥水，切成块。

2. 锅内加油烧热，下入葱花、白菜块、豆皮块、酱油炒匀，倒入清汤烧沸，放入地瓜干、西红柿、尖椒、精盐煮20分钟，加入味精调匀即可。

▶地瓜荷兰豆汤

材料 地瓜干、荷兰豆各150克，葡萄干20克，精盐、胡椒粉各少许，清汤1200克。

🍲 **制作步骤** ZHIZUO BUZHOU

1. 地瓜干放入清水盆中浸泡至软，捞出，切成小条；荷兰豆择洗干净。

2. 锅中加入清汤烧沸，下入地瓜干、葡萄干煮约10分钟，加入荷兰豆、精盐煮至熟透，放入胡椒粉调味，即可出锅装碗。

►大枣芹菜汤

材料 芹菜200克，大枣10枚，葱段10克，姜片5克，精盐少许，清汤600克，植物油1大匙。

🍲 **制作步骤** *ZHIZHO BUZHOU*

1. 将芹菜择洗干净，切成小段；大枣泡软，去核、洗净，切成片。

2. 锅中加上植物油烧至六成热，下入葱段、姜片炒香，添入清汤烧沸。

3. 放入芹菜段、大枣片、精盐，用小火煮约5分钟，即可出锅装碗。

▶ 胡萝卜鲜橙汤

材料 胡萝卜500克，西红柿1个，香草、精盐、胡椒粉各适量，奶油2大匙，鲜橙汁3大匙。

🍲 制作步骤 ZHIZUO BUZHOU

1. 将胡萝卜去根，削去外皮，洗净，沥净水分，切成大片；西红柿去蒂，洗净，切成块。

2. 锅置火上，加入奶油、适量清水，放入胡萝卜片烧沸，转中火熬煮（需勤搅拌）约10分钟。

3. 放入西红柿块，加入鲜橙汁煮沸，然后加入香草、精盐、胡椒粉调味，转小火煮约20分钟至胡萝卜软烂入味，出锅装碗即可。

▶蜜汁地瓜

材料 地瓜500克，白糖5小匙，麦芽糖、蜂蜜各3小匙，糖桂花酱2小匙。

🍲 制作步骤

1. 将地瓜去皮，用清水洗净，切成小墩状，放入盆中，加入白糖拌匀，腌2小时。

2. 锅置火上，加入适量清水，放入地瓜、蜂蜜、糖桂花酱、白糖，用旺火烧沸。

3. 转小火烧焖至地瓜熟软、汤汁浓稠时，出锅装盘即可。

▶菜心素汤

材料 青菜心5棵，精盐5小匙，味精少许，植物油2大匙，清汤适量。

制作步骤 ZHIZUO BUZHOU

1. 将青菜心去根、去老叶，用清水洗净，沥去水分，切成小段。

2. 锅置旺火上，加入植物油烧至六成热，放入青菜心略炒，再加入清汤烧沸。

3. 加入精盐调味，煮至青菜心熟嫩，加入味精，出锅装碗即成。

冬笋莴苣汤

材料 冬笋罐头1瓶(约200克),生菜50克,红椒丝少许,姜丝10克,精盐1小匙,味精1/2小匙,花椒水2大匙,清汤1500克,香油少许。

 制作步骤

1. 冬笋取出,用清水冲洗干净,切成小条;生菜择洗干净,撕成小块。

2. 坐锅点火,加入清汤烧沸,下入冬笋条、姜丝、花椒水煮至笋条熟透,放入生菜、红椒丝、精盐、味精调味,淋入香油即成。

大枣银耳羹

材料 水发银耳150克,大枣100克,冰糖50克,糯米粉1大匙。

制作步骤

1. 大枣洗净,去核,切成小片;水发银耳择洗干净,撕成小朵;糯米粉加水调成稀糊。

2. 锅置火上,加入适量清水烧沸,放入大枣片、银耳焯烫一下,捞出、沥干。

3. 锅内加入清水烧沸,放入银耳、大枣、冰糖,小火熬煮5分钟,倒入糯米糊勾薄芡即可。

嫩玉米汤

 嫩玉米600克，豆苗100克，精盐、白糖各2小匙，清汤适量。

🍲 **制作步骤** ZHIZUO BUZHOU

1. 嫩玉米剥去外皮，择净玉米须，用清水洗净，搓下嫩玉米粒；豆苗洗净，用开水烫一下，捞出沥水。

2. 锅置火上，加入清水烧沸，放入玉米粒煮约2分钟，捞出、沥水，放入碗中，加入清汤，上笼蒸6分钟左右，取出。

3. 净锅置火上，加入清汤、精盐、白糖烧沸，放入嫩玉米粒和豆苗快速氽烫一下，盛入汤碗中，上桌即可。

▶浓汤 猴头菇

材料 猴头菇200克,红枣4个,精盐、蘑菇精各1小匙,蘑菇浓汤适量。

🥘 制作步骤

1. 将猴头菇用清水泡发,洗净,切成大块;红枣去核,用清水洗净。

2. 砂锅置火上,先加入蘑菇浓汤,再放入猴头菇块、红枣烧沸。

3. 转小火炖约30分钟,加入精盐、蘑菇精调好口味,出锅装碗即可。

▶竹笋 香菇汤

材料 干香菇25克, 金针菇1袋, 竹笋、姜块各15克, 精盐1小匙, 味精2大匙, 清汤 300克。

🍲 制作步骤 ZHIZUO BUZHOU

1. 干香菇用清水泡软, 去蒂, 洗净, 切成粗丝; 金针菇取出, 去根, 洗净, 打成结。

2. 竹笋剥去外皮, 洗净, 切成粗丝; 姜块去皮, 洗净, 切成丝。

3. 汤锅置火上, 加入清汤, 放入竹笋丝、姜丝烧沸, 煮约15分钟。

4. 放入香菇丝, 金针菇结煮约5分钟, 加入精盐、味精调味, 出锅装碗即可。

‣银耳大枣莲子羹

 莲子150克,银耳50克,大枣5枚,冰糖100克。

🥘 **制作步骤**

1. 将银耳放入盆中,加入温水浸泡30分钟,使其充分发透,去蒂,洗净,撕成小朵。

2. 锅置火上,加入适量清水,放入银耳烧沸,转小火熬煮约2小时至银耳软烂,捞出、沥水。

3. 莲子放入锅中,加入清水煮至熟透,捞出,用牙签去除莲心;大枣洗净,去掉枣核。

4. 锅中加入适量清水、冰糖烧沸,转小火熬成糖汁,滤出杂质,放入大枣煮至熟烂,倒入碗中,然后放入莲子及银耳搅匀即可。

菠萝银耳羹

材料 菠萝肉50克, 银耳2朵, 红枣、青豆各少许, 冰糖2大匙。

🍲 制作步骤 ZHIZUO BUZHOU

1. 水发银耳用清水泡发, 去蒂, 洗净, 撕成小朵; 红枣去掉枣核。

2. 炒锅置火上, 加入清水、冰糖煮至溶化, 放入银耳、菠萝肉略煮。

3. 加入红枣、青豆, 用小火煮至汤汁浓稠时, 出锅装碗即可。

南瓜玉米汤

材料 南瓜1/2个, 嫩玉米1个, 精盐1小匙, 白糖4小匙, 植物油1/2小匙, 牛奶适量。

🍲 制作步骤 ZHIZUO BUZHOU

1. 南瓜去皮、去瓤, 洗净, 切成薄片; 玉米洗净, 剥下玉米粒。

2. 锅置火上, 加入清水, 放入玉米粒、南瓜片烧沸, 加上精盐、白糖、植物油, 转小火煮30分钟, 加入热牛奶调匀, 出锅装碗即成。

芹菜叶 土豆汤

 材料 土豆2个, 嫩芹菜叶150克, 葱花、姜末各10克, 精盐、味精、鸡精各1小匙, 香油1/2小匙, 清汤适量, 植物油1大匙。

🍲 制作步骤

1. 将芹菜叶择洗干净; 土豆去皮, 放入清水中洗净, 沥干水分, 切成小条。

2. 净锅置火上, 加入植物油烧至七成热, 下入葱花、姜末炒香, 放入芹菜叶略炒一下, 添入清汤煮沸。

3. 下入土豆条, 中火煮熟软, 加入精盐、味精、鸡精调味, 淋入香油, 即可出锅装碗。

▶豆泡白菜汤

材料 大白菜200克,豆腐泡100克,精盐、鸡精各2小匙,味精1小匙,清汤适量,大酱4小匙。

制作步骤 ZHIZUO BUZHOU

1. 将大白菜去掉菜根,洗净,切成3厘米长的小段,宽的菜叶从中间切开;豆腐泡用热水洗净余油,切成厚片;大酱放入碗中,加入少许清汤调稀。

2. 锅中加入清汤烧沸,放入白菜段、豆泡片,烧沸后转小火煮熟,再加入调好的大酱、精盐煮2分钟至入味,然后加入鸡精、味精调好口味,出锅盛入汤碗中即可。

▶黄瓜 木耳汤

 材料 水发木耳100克, 黄瓜1根, 精盐、香油各1/2小匙, 味精、酱油、植物油各少许。

🍲 **制作步骤**

1. 黄瓜去蒂、去皮, 洗净, 剖开后挖出瓜瓤, 切成厚块; 水发木耳去蒂, 洗净, 撕成小朵。

2. 锅置火上, 加入植物油烧热, 放入木耳块爆炒一下, 加入适量清水和酱油烧沸。

3. 放入黄瓜块略煮, 最后加入味精、精盐、香油调好口味, 即可出锅装碗。

榨菜笋丝汤

材料
榨菜、冬笋各50克,香菇5个,精盐1小匙,酱油5小匙,香油1小匙。

🍲 **制作步骤** ZHIZUORUZHOU

1. 将榨菜、冬笋分别洗净,均切成丝,放入沸水锅内焯烫一下,捞出、沥净。

2. 香菇用温水浸泡至发涨,捞出、去蒂,切成细丝;泡香菇的水留用。

3. 锅中加入清水、泡香菇的水煮沸,放入榨菜丝、冬笋丝、香菇丝煮5分钟,加入精盐、酱油,淋入香油,装碗即可。

豆角菜花汤

材料 菜花200克，豆角100克，胡萝卜80克，精盐、胡椒粉各适量，味精少许，清汤1500克，植物油2大匙。

制作步骤

1. 胡萝卜去皮，洗净，切片；菜花洗净，切小朵；豆角去老筋，洗净，斜切细丝。

2. 净锅置火上，加入植物油烧热，下入胡萝卜片、豆角丝、菜花煸炒至断生，倒入清汤，加入精盐、胡椒粉、味精煮至入味即可。

百合南瓜羹

材料 南瓜150克，鲜百合100克，枸杞子5克，白糖1小匙，冰糖、蜂蜜各1大匙。

 制作步骤

1. 南瓜去皮及瓤，放入蒸锅中蒸熟，取出、晾凉，放入打汁机中，加上蜂蜜搅打成蓉状。

2. 鲜百合削去黑根，用清水洗净，瓣成小瓣；枸杞子洗净，用清水泡软。

3. 坐锅点火，加入清水、枸杞子、白糖、冰糖、百合烧沸，倒入南瓜蓉熬至浓稠即可。

▶菠萝玉米羹

材料 玉米300克，菠萝（罐头）、青豆各25克，冰糖250克，水淀粉2大匙。

🍲 制作步骤 ZHIZUO BUZHOU

1. 玉米剥去外膜，用清水洗净，放入容器内，加入适量开水，上笼蒸1小时，取出，剥去玉米粒。

2. 取出菠萝罐头，沥去糖汁，切成玉米粒大小的颗粒；青豆用清水泡发，洗净。

3. 锅中加上适量清水、冰糖煮沸，放入玉米粒、菠萝粒、青豆烧沸，用水淀粉勾芡，出锅盛碗即成。

▶双冬豆皮汤

材料 豆腐皮3张，冬菇2朵，冬笋片50克，葱花、姜末各10克，精盐、味精、香油、酱油各2小匙，植物油2大匙，清汤500克。

制作步骤

1. 豆腐皮放盘内，洒上少许清水，上笼蒸至软，取出，切成菱形片；冬菇用温水泡发，除去杂质，洗净，切成丝。

2. 净锅置火上，加入植物油烧至五成热，下入葱花、姜末炒香，添入清汤，放入冬菇丝、冬笋片、豆腐皮烧沸。

3. 撇去浮沫，加入味精、精盐、酱油调好口味，淋入香油，出锅装碗即成。

▶口蘑汤

材料 白萝卜、黄豆芽各500克，鲜口蘑300克，胡萝卜50克，葱段、姜片各5克，精盐、味精、胡椒粉、淀粉、料酒、植物油各适量。

🍲制作步骤 ZHIZUO BUZHOU

1. 口蘑洗净，沥水，剞上十字花纹，放入沸水锅内焯烫一下，捞出、沥水；黄豆芽掐去根，洗净，沥水，放入热锅内干炒片刻，盛出；白萝卜、胡萝卜分别去皮，洗净，均切成5厘米长的细丝。

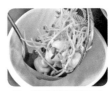

2. 锅置火上，加入植物油烧热，下入葱段、姜片炝锅，添入清水煮沸，放入口蘑煮5分钟，放入黄豆芽煮至熟，捞出口蘑和豆芽，放入汤碗中；萝卜丝裹匀淀粉，放入汤锅内煮至浮起，烧沸后也捞入碗中。

3. 锅中原汤撇去浮沫，加入精盐、味精、料酒烧沸，倒入盛有口蘑的汤碗中，撒上胡椒粉即成。

▸银耳雪梨 小汤圆

材料 雪梨150克,银耳、大枣、小汤圆各50克,白糖3大匙,蜂蜜2大匙。

🍲 **制作步骤**

1. 银耳放入盆中,加入开水浸泡30分钟,使其充分涨发,再除去根部,洗净,沥干,撕成小朵;雪梨去皮、去核,洗净,切成薄片;大枣洗净,从中间切开,去核。

2. 净锅置火上,加入适量清水烧沸,加入白糖、蜂蜜,再放入银耳块、雪梨片、大枣及汤圆,然后转小火慢慢熬煮15分钟,待汤汁浓稠时,倒入碗中即可。

百合煮香芋

材料 芋头200克，鲜百合100克，精盐、鸡精各1小匙，白糖1/2小匙，椰浆、三花淡奶各2大匙，清汤750克，植物油600克(约耗30克)。

制作步骤 ZHIZUO BUZHOU

1. 将芋头去皮，洗净，切成小块，放入热油锅中炸熟，捞出、沥油。

2. 锅中留少许底油烧热，下入百合略炒，添入清汤，放入芋头煮约10分钟。

3. 加入精盐、鸡精、白糖、椰浆、三花淡奶续煮3分钟，即可出锅装碗。

酸辣腐竹汤

材料 水发腐竹150克，西红柿、酸菜、黄瓜、芹菜各适量，精盐、胡椒粉各1小匙，清汤3大碗。

制作步骤 ZHIZUO BUZHOU

1. 水发腐竹切成段；西红柿洗净，切成块；黄瓜切长薄片；酸菜切小片；芹菜洗净，切成段。

2. 锅中加入清汤煮沸，放入腐竹、西红柿、酸菜片煮至出味，后加入精盐、胡椒粉调味，放入芹菜段、黄瓜片略煮，出锅装碗即成。

▶鲜蘑 菜松汤

材料 鲜香菇5朵，青菜心3棵，花椒15粒，精盐、酱油各2小匙，味精1小匙，水淀粉4小匙，香油3大匙，清汤500克。

制作步骤

1. 青菜心择洗干净，放入沸水锅中焯烫一下，捞出漂凉，挤干水分，切成3厘米长的段。

2. 鲜香菇去蒂，洗净，切成薄片，放入沸水锅中焯烫一下，捞出、沥水。

3. 锅内加入清汤、酱油、精盐、蘑菇和青菜烧沸，加入味精，水淀粉勾薄芡，倒入汤碗中。

4. 锅中加入香油烧热，放入花椒粒炸呈黑色，捞出花椒不用，把热花椒油倒入汤碗中即可。

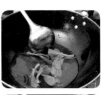

▶双椒豆腐煲

材料　豆腐1块，水发香菇100克，香菜段、蒜末各50克，泡山椒35克，泡辣椒25克，葱花、姜末各15克，精盐1大匙，味精2小匙，胡椒粉5小匙，泡椒油3大匙，清汤、植物油各适量。

🍲 制作步骤 ZHIZUO BUZHOU

1. 豆腐洗净，切成长方片，放入热油锅中炸呈淡黄色，捞出、沥油；泡辣椒去蒂、去籽，剁成蓉；取20克泡山椒切碎；水发香菇洗净，切成小块，放入沸水锅内焯水，捞出、沥水。

2. 锅中加油烧热，下入葱花、姜末、蒜末炸香，放入15克泡辣椒蓉和泡山椒末煸出红油，放入香菇块略炒，加入清汤、豆腐片、精盐、味精、胡椒粉，转中火炖5分钟，盛入汤碗中。

3. 净锅置火上，加入泡椒油和植物油烧热，放入剩余的泡辣椒蓉和泡山椒炒出红油，倒在豆腐碗中，撒上香菜段即成。

小白菜粉丝汤

材料 小白菜200克，粉丝50克，姜末10克，葱花5克，精盐2小匙，酱油1/2小匙，香油1小匙，植物油1大匙。

制作步骤

1. 将小白菜择洗干净，切成小段；粉丝用温水泡软，沥去水分。

2. 净锅置火上，加入植物油烧至六成热，下入葱花炒出香味，放入小白菜段、姜末、酱油翻炒均匀至入味。

3. 加入适量清水，放入粉丝煮至熟软，加入精盐调味，淋入香油，出锅装碗即可。

雪菜冬瓜汤

材料 冬瓜150克，雪里蕻60克，精盐1小匙，味精1/2小匙，植物油少许，清汤500克。

制作步骤 *ZHIZUO BUZHOU*

1. 将冬瓜去皮及瓤，洗净，切成小块；雪里蕻洗净，切成小段。

2. 锅置火上，加入适量清水烧沸，放入冬瓜块煮约5分钟，捞出、过凉，沥去水分。

3. 净锅置火上，加入植物油烧热，添入清汤，放入冬瓜块、雪菜末烧沸，撇去浮沫。

4. 加入精盐、味精，盖上锅盖，中火煮约2分钟，即可出锅装碗。

白菜豆腐汤

材料 白菜200克,豆腐150克,葱花、姜片各3克,精盐1小匙,味精、胡椒粉、香油各少许,清汤500克,植物油5小匙。

 制作步骤

1. 白菜择洗干净,切成条;豆腐洗净,沥去水分,切成小方块。

2. 锅中加油烧热,下入葱花、姜片炒香,放入白菜条炒软,添入清汤和豆腐煮8分钟,加入精盐、味精、胡椒粉、香油煮至入味即可。

荸荠芹菜降压汤

材料 芹菜3棵,西红柿2个,紫菜20克,荸荠5个,洋葱1/2个,精盐、味精各1/2小匙。

制作步骤

1. 芹菜择洗干净,沥干水分,切成5厘米长的段;荸荠削去外皮,洗净。

2. 紫菜用温水浸泡,洗净,撕成小块;西红柿洗净,切成片;洋葱去皮,洗净,切细丝。

3. 锅内加上清水和原料,旺火烧沸,加入精盐、味精,改小火煮1小时,出锅装碗即成。

▶玉米豆腐汤

 材料 豆腐1块, 玉米罐头1罐, 鸡蛋3个, 大葱1棵, 精盐1/2小匙, 水淀粉2小匙。

制作步骤 ZHIZUO BUZHOU

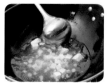

1. 将豆腐洗净, 切成小块, 放入沸水锅内焯烫一下, 捞出、沥水; 大葱择洗干净, 切成末。

2. 鸡蛋打入碗中, 加入部分葱末调拌均匀成鸡蛋液; 玉米罐头打开, 取出玉米粒。

3. 锅置火上, 加入适量清水烧沸, 放入玉米粒煮匀, 放入豆腐块, 加入精盐煮沸, 用水淀粉勾芡, 淋入鸡蛋液煮匀, 撒上剩余葱末, 即可出锅装碗。

▶双色萝卜丝汤

材料
心里美萝卜、象牙白萝卜各1个，葱花、姜丝各5克，精盐、味精各2小匙，香油1小匙，牛奶4小匙。

🥘 **制作步骤**

1. 心里美萝卜削去外皮，洗净，切成细丝；象牙白萝卜削去外皮，洗净，切成细丝。

2. 锅置火上，加入适量清水烧沸，放入心里美萝卜丝、白萝卜丝、姜丝煮至软嫩。

3. 加入牛奶、精盐、味精调好口味，撒入葱花，淋入香油，出锅装碗即可。

▶榨菜丝汤

材料 鲜榨菜150克，姜块25克，精盐少许，胡椒粉1小匙，味精2小匙，植物油1大匙。

🍲 制作步骤 *ZHIZUO BUZHOU*

1. 将鲜榨菜用温水浸泡，再用清水洗净，沥去水分，切成细丝。

2. 净锅置火上，加入植物油烧至六成热，下入姜丝炝锅出香味。

3. 加入适量清水烧沸，放入鲜榨菜丝煮3分钟，加入精盐、胡椒粉、味精调好口味，出锅装碗即可。

▶丝瓜粉丝汤

 丝瓜250克，粉丝25克，葱段10克，精盐1/2小匙，味精少许，胡椒粉5小匙，植物油4小匙。

🍲 制作步骤

1. 将丝瓜切去蒂和把，轻轻刮去少许外皮，洗净，切成滚刀块；粉丝用温水泡软，剪成小段。

2. 净锅置火上，加入植物油烧至六成热，下入葱段爆香，放入丝瓜块炒拌均匀。

3. 加入适量清水烧煮片刻，放入粉丝段稍煮，加入精盐、味精、胡椒粉调好口味，出锅装碗即成。

冬瓜笋丝汤

材料 冬瓜300克，笋干100克，姜片10克，精盐、味精各1/2小匙，清汤650克，植物油1大匙。

制作步骤 ZHIZUO BUZHOU

1. 冬瓜洗净，去皮及瓤，切成厚片；笋干用温水泡透，切成细丝，再放入沸水锅中焯熟，捞出沥水。

2. 锅中加油烧至四成热，先下入姜片炒出香味，再放入冬瓜片、笋丝略炒一下。

3. 然后添入清汤烧开，再转小火续煮10分钟，用精盐、味精调味，即可出锅装碗。

冬菜豆芽汤

材料 绿豆芽200克，冬菜100克，香菜末少许，精盐、味精各1/2小匙，胡椒粉、香油各少许，清汤500克，植物油2大匙。

制作步骤 ZHIZUO BUZHOU

1. 冬菜浸泡，洗净，沥水，切成小段；绿豆芽择洗干净，沥水。

2. 锅中加油烧热，放入冬菜段、绿豆芽稍炒，添入清汤煮10分钟，加入精盐、味精、胡椒粉调味，淋入香油，撒上香菜末即成。

黄豆芽豆腐汤

材料 豆腐2块, 黄豆芽250克, 雪里蕻100克, 葱花10克, 精盐、味精各1/2小匙, 植物油1大匙。

制作步骤

1. 黄豆芽去根, 洗净, 沥去水分; 豆腐洗净, 切成1厘米见方的丁; 雪里蕻洗净, 切成小粒。

2. 净锅置火上, 加入植物油烧至六成热, 先下入葱花炒香, 放入黄豆芽煸炒2分钟, 加入适量清水烧沸。

3. 用小火煮至黄豆芽酥烂时, 放入雪里蕻粒、豆腐块, 转小火炖10分钟, 加入精盐、味精调匀, 出锅装碗即可。

135

▶白蘑田园汤

材料　小白蘑200克，玉米笋、胡萝卜、土豆各50克，西蓝花30克，葱花少许，精盐、酱油各1小匙，鸡精1/2小匙，料酒2小匙，植物油2大匙，清汤500克。

🍲 **制作步骤** ZHIZUO BUZHOU

1. 小白蘑去根，用清水洗净，放入沸水锅内，加上少许精盐焯烫一下，捞出、过凉、沥水；玉米笋切成小条；土豆、胡萝卜分别去皮，洗净，均切成片。

2. 锅中加上植物油烧热，下入葱花炝锅，加入清汤、料酒、小白蘑、玉米笋、土豆片、胡萝卜片、西蓝花烧沸，转小火煮至熟烂，加入精盐、酱油、鸡精调味，出锅装碗即可。

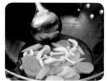

136

酸辣凉粉 冬瓜汤

 材料 冬瓜1/5个, 凉粉200克, 香菜末5克, 精盐1/2小匙, 味精少许, 米醋1大匙, 胡椒粉1小匙。

制作步骤

1. 将冬瓜去皮、去瓤, 洗净, 切成小块; 凉粉用清水泡软, 洗净。

2. 锅置火上, 加入适量清水, 放入冬瓜块烧沸, 再放入凉粉, 加入精盐、味精煮至入味。

3. 出锅装碗, 撒入香菜末、胡椒粉, 浇上米醋, 即可上桌。

▶草菇蔬菜包汤

材料

草菇200克，包心菜叶2片，芹菜1根，番茄1个，板栗50克，洋葱丁少许，精盐、酱油各1小匙，味精、白糖各1/2小匙，胡椒粉、淀粉、植物油各适量，蘑菇清汤240克。

🥘 **制作步骤** ZHIZUO BUZHOU

1. 草菇洗净，切成块；包心菜叶洗净，放入沸水锅中焯烫一下，捞出、过凉、沥水；番茄、芹菜、板栗分别切丁。

2. 各种原料丁放在一起，加入精盐、味精、白糖、淀粉拌匀，放入包心菜叶内扎好，入蒸锅蒸5分钟，取出、晾凉。

3. 炒锅中加入植物油烧热，加入蘑菇清汤、调料烧沸，放入蔬菜包略煮即可。

▶腐竹 瓜片汤

材料 黄瓜150克，腐竹50克，葱花、姜片各少许，精盐1小匙，味精1/2小匙，清汤500克。

🌀 **制作步骤**

1. 腐竹用温水泡开，取出沥水，切成小段；黄瓜洗净，切成片。

2. 锅中加入清汤、葱花、姜片煮沸，放入腐竹段、黄瓜片稍煮，加入精盐、味精续煮2分钟，出锅装碗即可。

▶冰糖 银耳汤

材料 白银耳25克，冰糖150克。

🌀 **制作步骤**

1. 银耳放入清水中浸泡2小时，去根和杂质，换清水漂洗干净，装入碗中，加入清水，入笼蒸30分钟至发透。

2. 锅中加入适量清水，放入冰糖烧沸溶化，倒入银耳碗中，然后入笼蒸10分钟，取出后装入汤碗中即可。

苋菜豆腐煲

 材料 豆腐1盒, 苋菜300克, 花椒10粒, 精盐4小匙, 味精1大匙, 料酒、植物油各2大匙, 清汤适量。

🍲 **制作步骤** ZHIZUO BUZHOU

1. 将苋菜择取嫩茎、嫩叶, 用清水洗净, 沥去水分; 豆腐取出, 切成小方块; 锅置火上, 加入适量清水烧沸, 放入豆腐块和苋菜焯烫一下, 捞出、沥水。

2. 锅置火上, 加入清汤、料酒, 放入豆腐块和苋菜烧沸, 再加入精盐、味精调味, 盛入碗中。

3. 净锅置火上, 加入植物油烧至八成热, 下入花椒粒炸成花椒油, 浇淋在豆腐、苋菜上即成。

▶山珍什菌汤

材料

猴头菇、竹荪、榛蘑、黄蘑、香菇、口蘑、牛肝菌各适量，姜片、精盐、胡椒粉、料酒、清汤、植物油各少许。

🍲 **制作步骤**

1. 猴头菇、竹荪、榛蘑、黄蘑、香菇、口蘑、牛肝菌用清水泡发，洗涤整理干净，放入沸水锅中焯透，捞出、沥干。

2. 砂锅中加入植物油烧热，下入姜片炒香，烹入料酒，添入清汤，放入所有菌类原料烧沸。

3. 加入精盐、胡椒粉调匀，撇去浮沫，续煮约30分钟至入味，即可出锅装碗。

杞子百合莲花汤

材料 百合100克, 莲子、黄花菜各50克, 枸杞子10克, 冰糖适量, 清汤1大碗。

🌹 **制作步骤** ZHIZUO BUZHOU

1. 将百合洗净; 黄花菜、枸杞子用温水泡开, 洗净, 沥去水分。

2. 将莲子洗净, 捅去莲子心, 放入清水锅中煮至熟, 捞出、沥水。

3. 锅置火上, 加入清汤, 放入百合、黄花菜、莲子、枸杞子烧沸, 加入冰糖煮至溶化, 装碗即成。

橙子银耳汤

材料 橙子300克, 银耳50克, 枸杞子、花旗参各20克, 冰糖1小匙。

🌹 **制作步骤** ZHIZUO BUZHOU

1. 将橙子剥皮, 掰成小瓣; 银耳用清水泡发, 择洗干净; 枸杞子、花旗参分别洗净。

2. 锅置火上, 加入清水, 放入银耳、枸杞子煮约5分钟, 放入橙子瓣、花旗参、冰糖煮10分钟, 出锅倒在汤碗内即成。

Part 4 风味主食

▶大枣银耳粥

材料 大米75克，银耳25克，莲子、枸杞子各15克，大枣2枚，冰糖50克。

制作步骤 ZHIZUO BUZHOU

1. 大枣洗净，用温水泡软，去核；枸杞子洗净、泡软；莲子洗净，放入清水中浸泡，剥去外膜，去掉莲心，放入沸水锅中焯烫，捞出。

2. 银耳泡发回软，去蒂，洗净，撕成小块，放入沸水锅中焯烫一下，捞出、沥水。

3. 大米淘洗干净，加入清水煮沸，转小火熬煮至米粥近熟，放入银耳、大枣、莲子，续煮至大米熟烂，放入枸杞子、冰糖煮至黏稠即可。

▸麻香凉捞面

材料 细荞麦面条200克, 西蓝花、黄豆芽各50克, 水发木耳丝、黄瓜丝、胡萝卜丝各25克, 蒜蓉、酱油、白糖、白醋、精盐、味精、芝麻酱、香油、辣椒油各适量。

🍥 制作步骤 ZHIZUO BUZHOU

1. 西蓝花洗净, 掰成小朵, 与洗净的黄豆芽一同用沸水焯透, 捞出、沥水, 放入同一容器内。

2. 芝麻酱内加入精盐、凉开水、酱油、白醋、白糖、味精、蒜蓉、香油、辣椒油调成麻香酸辣汁。

3. 荞麦面条放入清水锅内煮至熟, 捞入盛有西蓝花、黄豆芽的容器内, 放上木耳、胡萝卜、黄瓜、香菜段, 浇上麻香酸辣汁拌匀即成。

荷叶玉米须粥

材料 大米100克,鲜荷叶1张,玉米须30克,冰糖少许。

🌹 **制作步骤** ZHIZUO BUZHOU

1. 将大米淘洗干净;鲜荷叶洗净,切成3厘米见方的块;玉米须洗净。

2. 鲜荷叶和玉米须放入锅中,加入适量清水烧沸,再转用小火煮15分钟,去渣留汁。

3. 大米、荷叶汁放入锅中,加入冰糖及清水烧沸,改用小火煮至米烂成粥,即可装碗上桌。

冬菇炒面

材料 面条500克,水发冬菇片100克,熟笋片50克,味精1/2小匙,酱油3大匙,水淀粉、香油各1大匙,植物油适量。

🌹 **制作步骤** ZHIZUO BUZHOU

1. 把面条放入清水锅内煮熟,捞出、过凉,加上酱油拌匀,放入油锅内炸上颜色,捞出。

2. 锅中加上植物油烧热,下入冬菇片、熟笋片略炒,加入酱油、味精烧沸,用水淀粉勾芡,淋入香油,下入面条炒匀,出锅装碗即成。

▶口蘑豆腐汤面

材料 面条、豆腐各250克，水发口蘑70克，姜末、精盐、味精、酱油、胡椒粉、米醋、鲜汤、香油各适量。

🍚 **制作步骤**

1. 将水发口蘑洗净，切成片；豆腐切成薄片，放入沸水锅中烫透，捞出、沥干。

2. 净锅置火上，加入鲜汤，用旺火煮至沸，下入面条煮至熟。

3. 加入口蘑片、豆腐片、精盐、酱油、胡椒粉、味精和姜末烧沸，然后淋入米醋，出锅装入碗中，淋入香油即成。

147

▶金银黑米粥

材料 黑米100克，金银花20克，白糖适量。

🍲 **制作步骤** ZHIZUO BUZHOU

1. 将黑米淘洗干净，放入清水中浸泡4小时左右；金银花用温水浸泡，换清水漂洗干净。

2. 净锅置火上烧热，加入适量清水煮沸，放入黑米、金银花调匀，再沸后改用小火煮约40分钟至米烂粥熟，然后加入白糖煮至溶化，出锅装碗即成。

‣素馅包子

材料 面粉、油菜各500克, 水发香菇50克, 酵母粉10克, 葱末、姜末、胡椒粉、香油各少许, 精盐、味精各1小匙, 料酒、酱油各1大匙, 植物油适量。

🍚 **制作步骤**

1. 面粉加酵母粉拌匀, 用清水和匀成面团, 用湿布盖严, 饧40分钟, 再加入面粉揉匀。

2. 油菜洗净, 用沸水烫透, 捞出冲凉, 切长粒; 水发香菇去蒂, 切成小粒, 加入料酒调拌均匀。

3. 香菇粒、油菜粒、葱末、姜末、精盐、味精、胡椒粉、香油、植物油调匀成馅料。

4. 面团下小面剂子, 擀成圆皮, 包入馅料成包子生坯, 稍饧, 放入蒸锅内蒸5分钟至熟即可。

雪梨青瓜粥

材料　糯米稀粥250克，雪梨1个，青瓜（黄瓜）1条，山楂糕1块，冰糖1大匙。

制作步骤 *ZHIZUO BUZHOU*

1. 雪梨削去果皮，去掉果核，用清水洗净，切成小块；青瓜刷洗干净，沥净水分，切成小条；山楂糕切成小条。

2. 锅置火上，倒入糯米稀粥煮至沸，下入雪梨块、青瓜条和山楂条稍煮。

3. 加入冰糖搅拌均匀，煮至冰糖完全溶化，离火出锅，盛放在碗内即成。

▶素三鲜汤面

材料 面条400克，冬笋丝、豌豆苗各100克，鲜蘑菇片50克，精盐、味精、胡椒粉、香油、植物油各适量。

制作步骤

1. 锅中加上植物油烧热，下入冬笋丝、鲜蘑菇片、豌豆苗和精盐炒至熟，出锅。

2. 锅中加入清水烧沸，下入面条烧沸，放入炒好的冬笋丝、鲜蘑菇片、豌豆苗、味精烧沸，撒上胡椒粉，淋入香油，即可出锅装碗。

▶荷叶饼

材料 中筋面粉500克，酵母粉15克，白糖3大匙，熟猪油1大匙，植物油2大匙。

制作步骤

1. 面粉放入容器中，加入白糖、酵母粉、熟猪油和匀，稍饧10分钟成面团，擀成长方形面皮，再用小碗扣成圆形饼皮。

2. 在饼皮的表面刷上一层油，对折成半圆形，在上面剞上井字花刀，用湿布盖严，饧45分钟，再入笼蒸8分钟至熟，取出装盘即可。

▶蒲菜粥

  嫩玉米粒100克，蒲菜150克，精盐少许。

🍲 **制作步骤** *ZHIZUO BUZHOU*

1. 将蒲菜去除老皮，用清水漂洗干净，下入沸水中焯烫至透，捞出、冲凉，切成细末；玉米粒淘洗干净，放入清水中浸泡2小时。

2. 坐锅点火，加入适量清水，放入玉米粒，先用旺火煮5分钟，放入蒲菜末，改用小火续煮至粥成，然后加入精盐调好口味，即可出锅装碗。

菊花包子

材料
发酵面团450克,豆沙馅250克,食用红色素少许,食用碱水1小匙。

制作步骤

1. 发酵面团加入食用碱水揉透,搓成长条,揪成10个面剂,逐一按扁,包入适量豆沙馅料,收口捏拢,剂口朝下放入屉中。

2. 上笼用旺火蒸熟,取出,趁热剥去外皮,用剪刀自下而上剪出一层层叶瓣直至中心。

3. 剪时上面一瓣叶子必须在下面二瓣的当中,在顶部中心刷上少许红色素,装盘上桌即可。

▶素四宝烩饭

材料　大米75克，口蘑、金针菇、冬菇、鸡腿菇各50克，胡萝卜、荷兰豆各25克，精盐、味精、白糖、胡椒粉、水淀粉、香油各适量，酱油、料酒各2小匙，高汤250克，植物油1大匙。

🍲 制作步骤 ZHIZUO BUZHOU

1. 荷兰豆切成菱形片；胡萝卜去皮，切成片；大米洗净，加入清水，上屉蒸熟，盛入盘中。

2. 口蘑洗净，切成两半；金针菇去蒂，切成段；鸡腿菇去蒂，切成小条；冬菇用温水泡发，洗净；全部放入沸水锅内焯烫一下，捞出。

3. 锅中加上植物油烧热，放入口蘑、金针菇、鸡腿菇、冬菇、荷兰豆、胡萝卜片炒匀。

4. 加入精盐、味精、白糖、料酒、胡椒粉、酱油，添入高汤烧沸，用水淀粉勾芡，淋入香油，浇在大米饭四周即可。

▶香甜 南瓜粥

材料 南瓜200克，大米100克，白糖适量。

🍲 制作步骤

1. 将南瓜削去外皮，去掉瓜瓤，用清水洗净，切成小块；大米淘洗干净，放入清水中浸泡6小时。

2. 坐锅点火，加入适量清水，放入大米煮沸，再加入南瓜块，用小火煮30分钟至熟透，然后加入白糖煮至溶化，即可出锅装碗。

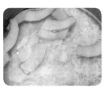

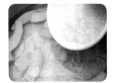

▶糯米煎圆

材料 干糯米粉、爆米花各500克，花生仁、芝麻仁各100克，白糖、红糖、饴糖、植物油各100克。

🍲 **制作步骤** *ZHIZUO BUZHOU*

1. 150克干糯米粉用清水100克和成粉团煮熟，然后与余下的干糯米粉、白糖揉成面团。

2. 红糖、饴糖、清水放入锅中熬成浓汁，离火，放入爆米花、花生仁拌成馅料，分成小团。

3. 面团分成剂子，包好馅料，压成饼，沾上芝麻仁，放入热油锅内煎炸至金黄色即成。

▶盘丝饼

材料 面粉300克，食用碱、青红丝各少许，精盐少许，香油、白糖各100克，植物油3大匙。

🍲 **制作步骤** *ZHIZUO BUZHOU*

1. 面粉加入精盐和清水和成面团，略饧，加入食用碱揉匀，再饧30分钟，抻成细丝面条，刷上油，切成小块，抻长盘成饼形。

2. 锅内加入植物油、香油烧热，放入盘丝饼烙至熟，取出，撒上白糖、青红丝即成。

百合芦笋肚菌饭

材料 香米饭1碗，猪肚菌150克，芦笋100克，净百合20克，青椒、红椒块少许，精盐、酱油各1小匙，高汤120克，胡椒粉少许，水淀粉、植物油各适量。

制作步骤 ZHIZUO BUZHOU

1. 猪肚菌洗净，放入沸水锅内焯烫一下，捞出、沥水，切成丁；芦笋洗净，切成小段；青椒、红椒分别洗净，切成小块。

2. 锅中加上植物油烧热，下入猪肚菌、百合、青椒块、红椒块翻炒片刻。

3. 加入精盐、酱油、胡椒粉、高汤烧沸，用水淀粉勾芡，出锅淋在香米饭上即可。

▶椒香花卷

材料 面粉500克，泡打粉2小匙，精盐、十三香粉各1/5小匙，植物油2大匙。

🍲 制作步骤 ZHIZUO BUZHOU

1. 面粉中加入泡打粉拌匀，再加入适量温水和成软硬适度的面团，饧约10分钟。

2. 把面团放在案板上，擀成大薄片，刷上一层植物油，撒上精盐、十三香粉抹匀。

3. 再由外向里卷叠三层，切成条状，用手拧成花卷坯，摆入蒸锅内，用旺火蒸约15分钟至熟，取出即成。

香菇菜心炒饭

材料 大米饭200克，香菇75克，菜心25克，鸡蛋1个，葱末、姜末各少许，精盐1小匙，味精、胡椒粉各少许，植物油2小匙。

制作步骤 ZHIZUO BUZHOU

1. 香菇洗净，切成小块，放入沸水中略焯，捞出、沥水；菜心洗净，切成小粒；鸡蛋打入碗中，搅散成鸡蛋液。

2. 锅置火上，加入植物油烧热，放入鸡蛋液炒至定浆，再加入葱末、姜末爆香。

3. 下入香菇块、大米饭翻炒片刻，加入精盐、味精、胡椒粉、菜心粒炒匀，出锅装碗即可。

图书在版编目（CIP）数据

超简单家常素食 / 李琢伟主编. -- 长春 : 吉林科
学技术出版社，2014.8
　ISBN 978-7-5384-8080-1

Ⅰ．①超… Ⅱ．①李… Ⅲ．①素菜－菜谱 Ⅳ.
①TS972.123

中国版本图书馆CIP数据核字(2014)第195109号

Super Easy Recipe

家常素食

Chaojiandan jiachang sushi

主　　编　李琢伟
出 版 人　李　梁
策划责任编辑　张恩来
执行责任编辑　赵　渤
封面设计　雅硕图文工作室
制　　版　雅硕图文工作室
开　　本　710mm×1000mm　1/16
字　　数　150千字
印　　张　10
印　　数　1-10 000册
版　　次　2014年11月第1版
印　　次　2014年11月第1次印刷
出　　版　吉林科学技术出版社
发　　行　吉林科学技术出版社
地　　址　长春市人民大街4646号
邮　　编　130021
发行部电话/传真　0431-85677817　85635177　85651759
　　　　　　　　　　　85651628　85600611　85670016
储运部电话　0431-86059116
编辑部电话　0431-85635186
网　　址　www.jlstp.net
印　　刷　沈阳天择彩色广告印刷股份有限公司
书　　号　ISBN 978-7-5384-8080-1
定　　价　18.00元
如有印装质量问题可寄出版社调换